悦读丛书

浙江省社科规划一般课题（浙江省社科联社科普及课题成果）

—— 23KPDW03YB ——

红楼梦服饰文化鉴赏

HONGLOUMENG FUSHI WENHUA JIANSHANG

周丽艳 孙伟 著

中国纺织出版社有限公司

内 容 提 要

本书共分上下两篇。

上篇分析《红楼梦》人物服饰的外在表现，其中包含服饰的类型分析、质料考察、色彩探讨和纹样分析四章。每一章又细分为几个部分，如类型分析中含首服、上衣、下裳、足服和其他配饰等，其中首服又分为头型和发饰，头型和发饰再分男性和女性两类。每一类别服饰分别以列表的形式摘取原著中此类服饰出现的章回数、穿着人物和穿着场合，以便对原著服饰进行全面归纳梳理。

下篇揭示服饰的外在表现下蕴含的深层次内在含义，深入探讨《红楼梦》人物服饰与身份地位、人物性格、社会制度和经济发展的关系。

图书在版编目（CIP）数据

红楼梦服饰文化鉴赏 / 周丽艳，孙伟著 . -- 北京：中国纺织出版社有限公司，2023.8

ISBN 978-7-5180-1153-7

Ⅰ. ①红… Ⅱ. ①周… ②孙… Ⅲ. ①《红楼梦》—服饰文化—鉴赏 Ⅳ. ① TS914.742.48

中国国家版本馆 CIP 数据核字（2023）第 167361 号

责任编辑：郭 沫　　责任校对：寇晨晨　　责任印制：王艳丽

中国纺织出版社有限公司出版发行

地址：北京市朝阳区百子湾东里 A407 号楼　邮政编码：100124

销售电话：010—67004422　传真：010—87155801

http://www.c-textilep.com

中国纺织出版社天猫旗舰店

官方微博 http://weibo.com/2119887771

北京华联印刷有限公司印刷　各地新华书店经销

2023 年 8 月第 1 版第 1 次印刷

开本：787×1092　1/16　印张：10

字数：160 千字　定价：88.00 元

序

中国服饰如同中国文化，是各民族互相渗透及影响而形成的。汉唐以来，中国的服饰研究和发展走向辉煌，尤其是近代以后，大量吸纳与融入了世界各民族外来文化的优秀结晶，才得以演化成整体的所谓中国以汉族为主体的服饰文化。这正应验了美国人类学家英菲的论断：“一个文化项目是外来渗透的结果，还是自然独立发明的产物，这个问题对于那些注重历史遗产的人来说是非常关键的，对于那些运用比较研究方法的人来说也是很重要的。我们可以肯定地说，在所有文化中，百分之九十以上的内容，最先都是以文化渗透的形式出现的。”服饰是人类特有的劳动成果，它既是物质文明的结晶，又具有精神文明的含义。因而有必要从物质与精神层面去深刻剖析其中所蕴含的深意。

清代著名章回体长篇小说《红楼梦》具有光辉的历史价值和文学价值。作者以贾、史、王、薛四大家族的兴衰和宝黛的爱情故事为主线来展开描写。这部小说写于明末清初时期，作者对书中不同阶级人物进行了细致入微地描述，有封建统治阶级的代表人物贾母、贾政、贾赦、王熙凤，有荒淫无度的封建统治阶级后代贾琏、贾珍、贾蓉，有青年一代中勇于追求自由、反对禁锢的宝玉、黛玉、探春，有奴仆阶级中刚烈正直的晴雯、鸳鸯，有平民阶级的代表刘姥姥等，其人物数量之多，关系背景之繁，实属罕有。然作者却能使笔下人物各具鲜明特色，跃然活于纸上，读来有如见其人、如闻其声之深刻印象。

《红楼梦》作为现实主义小说，再现生活的同时会涉及反映民俗和民生的服饰。人物的服饰与所处的时代背景、身份地位的关系密切，也映射出人物的心理状态和性格特征，代表着一种文化。同时，明、清是中国纺织业和服饰发展取得辉煌成就的时期，书中着重刻画的贾府又是深受“天恩祖德”的“钟鸣鼎食”之家，从中能窥见悠久灿烂的民族文化。

《红楼梦》书中的社会由贵族、平民、奴隶三种阶级构成，从中我们可以见到一个封建社会的缩影。这部小说之所以雅俗共赏，经久不衰，远播海外，其中一个主要原因就是作者笔下的人物形象鲜活、深刻。

曹雪芹在塑造人物个性上可谓功力不凡：王熙凤“体格风骚，粉面含春威不露，丹唇未启笑先闻”；贾宝玉“天然一段风韵”“神彩飘逸，秀色夺人”；贾迎春“温柔沉默，观之可亲”；贾探春“文彩精华，见之忘俗”；林黛玉“心较比干多一窍，病如西子胜三分”；薛宝钗“不见奢华，惟觉雅淡”；秦可卿“鲜艳妩媚，风流袅娜”；贾环“人物委琐，举止荒疏”；史湘云“蜂腰猿背，鹤势螂形”等，文学作品在表现生活上涉及反映民俗、民生的服饰，因为一旦离开了社会生活中的风俗，人物个性就无从依附，无法塑造了。作者细致入微地描述了数十个不同身份、年龄、性别的人在不同场合中的服饰，运用服饰细节来表现人物心理状态，进而刻画出人物的个性。

参考前人研究

本书参考部分前人研究的成果，归纳起来可分为三方面：一是关于《红楼梦》社会意义的研究成果；二是关于《红楼梦》人物的研究成果；三是关于《红楼梦》服饰的研究成果。

有关《红楼梦》社会意义的研究有很多，如周汝昌、周伦玲的《红楼梦与中华文化》，佟雪的《红楼梦主题论》，施达青的《〈红楼梦〉与清代封建社会》，胡文彬、周雷的《海外红学论集》等，这些著作从作者所处的生活背景入手，结合清朝初期的封建社会现实，来挖掘作品要表现的主题思想以及文化特征。有关《红楼梦》人物的研究有王昆仑的《红楼梦人物论》，李希凡、李萌的《李希凡文集：〈红楼梦〉人物论》，季学源的《红楼梦女性人物形象鉴赏》，刘大杰的《红楼梦的思想与人物》，佟雪的《红楼梦人物论》，王朝闻的《论凤姐》等。对于人物，我们从小都或多或少地接触过有关红楼梦的一些书籍和电视剧，对红楼人物有着或深或浅的认识，我自己印象中比较深刻的是琏二奶奶王熙凤的能言会道，林黛玉的多才，贾宝玉的多情，晴雯的刚烈不屈。然而，那时只是对人物性格的一种肤浅的认识而已，通过深入分析上述书籍，使我更加深刻地理解了某个特定的人物性格所形成的背景，有家庭的背景，也有时代和社会的背景。

在服饰方面，正史中清史《清史稿·舆服志》所载的多为王公贵族的服饰，至于平民的服饰则多为禁令，而有关中国服饰通论的著作则多半侧重服饰艺术或考古方面的研究，如周锡保的《中国古代服饰史》，沈从文的《中国古代服饰研究》，华梅的《中国服装史》，曾慧洁的《中国历代服饰图典》等，此类书大体都是从史前人类最初学会用树叶、兽皮等来制作简单的遮蔽物开始，按照朝代顺序，商周—秦汉—隋唐—宋元—明清这一时间顺序，记述了衣冠服饰发展的历程，包括服饰质料花色上的改变，这些是与当时的经济基础和纺织业的发展水平密不可分的，还有服饰款式和纹样的变化，而这些则与社会文化发展水平和社会制度紧密相连。可以说，任何一件事物都不是孤立存在的，都有它产生和发展的土壤。透过衣着服饰，我们看到了整个人类历史的进步历程。

衣服的产生应该是一种人类无意识的发明成果。史前的人们在劳动中常常被外界恶劣的自然环境所伤害，当他们学会去捕猎和食用果实后，就产生了用兽皮和树叶等来缝制衣服雏形的本领，衣服最初的功能只是遮羞蔽体。随着时代的发展和文化的进步，服饰作为一种人物形象的外在表现，被赋予了更多的社会特征。从商周时期开始，就有了衣冠制度，用于区别上下尊卑，“十二章纹”就是区分等威的最初尝试，强调服饰要遵从礼典，体现身份地位的不同。

写作背景

衣服作为外在的表现与人的生存环境、性格特征、文化修养等诸多因素密切相关，因而服饰不单单是穿戴物，也是人的复杂的精神世界乃至社会属性的反映，代表着文化特征。对融于巨著中的服饰进行研究，则能再现它的艺术性。

小说中人物的服饰不仅是文学创作的需要，还是历史现实的写照，不仅体现了人物的内心情感、性格特征，还是对历史人物生活背景的写照及外观形态的表露，更是中国小说美学、服饰美学及文学传统的一部分，通过对《红楼梦》服饰的探索能对我国古代服饰作一次文化的巡礼，感受服饰的魅力和内涵。

从《红楼梦》服饰中能够了解我国原有的纺织传统，如平金、盘金、刻丝等，以及封建社会鼎盛时期的着装款式、用色、材质和工艺，对于研究当时社会的经济基础是重要的参考资料。其中，服饰用料多种多样，有丝绸、毛织品、羽纱、羽缎、孔雀呢、哆罗呢等，有许多是当时西方国家贡品，这为中西方交通、科技等史料研究可提供一些依据。

而且在目前“红学”作为国际性的学问枝繁叶茂、蜚声中外的盛况下，无数文人志士从不同视角揣摩和考证书中蕴含的文化。然而，真正系统详细地研究服饰的却是少之又少。

写作范围

从服饰的外在表现入手

直观看服饰可按所在位置，从头到脚、从内到外作分类，称为类型。

按王宇清在《中国服装史纲》中对服装分为：上衣、下衣及胫足衣等，本书则将其分类为首服、上衣、下装、足服等。另外，质料、色彩和纹样图案也是服饰的鲜明特征。质料可分为毛皮、丝、绸等，色彩又按色系分类，纹样则更多地表现着当时的社会风俗和文化。另外，对服装的配饰，如璎珞圈、寄名锁等另作归纳分析。

论服饰的深层含义

在服饰的外在表现下蕴含着更深层次的内在含义。书中人物有贵族、平民、奴隶三个阶级，由于社会地位的不同，使不同等级之间的整体和同一等级不同个性的个体之间有不同的人物性格和身份差别，所以本书将深入探讨服饰与人物性格、身份地位、社会制度和经济发展的关系。

写作方法

本书以《红楼梦》原著为依据，以明、清史为指导，结合历代服饰的发展规律来编纂，通过图书馆、报纸杂志、调研、互联网等手段搜集相关资料，结合史学、服饰美学、社会心理学、艺术学、经济学、民俗学等学科参考。结构上，从服饰的外在表现（包括类型、质料、色彩、纹样）入手，揭示其深层的内在含义，即服饰与人物的身份地位、人物性格、社会制度和经济发展的关系。

研读《红楼梦》这部堪称“百科全书”的巨著，从不同的年龄、不同的层面和不同的阅历来读，感受都是不同的。我更喜欢书中那些色彩缤纷的服饰和服饰下性格各异的主人公的悲欢人生带给我的震撼，宝玉的顽劣多情，晴雯的刚烈忠心，凤姐的狠毒泼辣，黛玉的才气柔弱，湘云的名士风流，探春的睿智铿锵，每个人的性格都是那么鲜明，让人过目不忘。作为人物形象外在体现的服饰在每个人物出场时都起到了很重要的烘托作用，使人物形象更突出，给人印象更深刻。

由于时间和著者知识水平有限，书中难免有错误和疏漏之处，恳请广大读者批评、指正。

著者

2023年2月

目录

上篇 《红楼梦》人物服饰的外在表现

下篇 《红楼梦》人物服饰的内在含义

在《红楼梦》这座金碧辉煌的艺术殿堂里，人物的服饰也熠熠闪光，美不胜收。曹雪芹为他笔下人物设计的服饰，不管是在体制上，还是在款式、色彩上，都具有很高的审美价值。我们透过多姿多彩的服饰，看到了这部不朽巨著艺术成就的另一个方面。

《红楼梦》中对于服饰的描写女性的多，男性的少（除第一主人公贾宝玉外）。大体上主要有袄、裙、褂、箭袖、披风、袍、坎肩、裤、斗篷、蓑衣、箬笠、袜、鞋、靴、屐和配饰等。

明清纺织业的高度发展使纺织品种类繁多，绫、罗、绸、缎、锦、帛、丝、纱应有尽有，每类又分若干品种，如罗有花罗、素罗、刀罗、软罗等，绸有线绸、绵绸、丝绸等。有如此高度发达的纺织业基础，才会有书中琳琅满目、争奇斗艳的服饰。以下将从服饰的类型、色彩、质料、纹样图案等方面对书中人物服饰进行归纳分析。

上篇

《红楼梦》人物服饰的外在表现

《红楼梦》人物服饰的类型分析
《红楼梦》人物服饰的质料考察
《红楼梦》人物服饰的色彩探讨
《红楼梦》人物服饰的纹样图案

有书记载，作者曹雪芹出生在江宁织造府，据考证，他的曾祖父曹玺、祖父曹寅、伯父曹颙和父亲曹頫曾先后担任江宁织造官达65年之久。曹玺娶了康熙最为亲厚的保姆孙氏为妻，当年孙氏负责教导皇子做人的道理，宫廷礼仪，待人接物，督促皇子学习等，康熙出生时宫里天花肆虐，在当时天花是烈性传染病，没有现在的疫苗接种，按规定没有感染的皇子由保姆带出宫抚养，因此可以说孙氏在康熙的心目中如师似母。康熙第三次下江南，就入住了江宁织造府，久别重逢，康熙帝大喜，与近臣讲孙氏是“此吾家老人也”。曹寅13岁便是康熙的御前侍卫，陪伴他、保护他，一起读书习武，用今天的话来说，两人就是真正的“小伙伴”。实际上江宁织造府官是清朝内务府驻江宁特派官员，皇帝的亲信，除负责供应大清王朝使用的各种高级织品，还负有监察地方官员和民情的职责，直接奏报于皇帝。

江宁就是现在的南京，自南宋起它就确立了织造中心的地位，那时开办“锦署”，元代专设“织染局”，明代设有“内织染局”，清顺治二年设立织造府。江宁织造府曾是清代皇帝的行宫，康熙南巡6次，就有5次驻跸于此。从康熙南巡苏州织造府的盛况便可知道当时朝廷对于织造府的重视度。《大清会典》记载：

康熙南巡图（苏州织造府）

“织造在京有内织染局，在外江宁、苏州、杭州有织造局，岁织内用缎匹，并制帛诰敕等件，各有定式。凡上用缎匹，内织染局及江宁局织造；赏赐缎匹，苏杭织造。”

曹雪芹出生于江宁织造府，是当时出产全国最高级织品的地方，这一段生活经历使他对服饰的花色、材质乃至织绣工艺，贵族生活和典章制度都有着特殊的了解，对于服饰写来才会得心应手。在《红楼梦》中曹雪芹准确地描绘了大观园中系列人物的服饰，以此渲染环境，烘托人物形象，传达人物情感。

研究服饰之前，我们先来了解一下明清时期的纺织业。

明清统治者深知发展生产对于稳定秩序、巩固政权的重要性，因而采取鼓励生产、移民垦田的政策。此时的棉花种植从南到北、从西到东大范围扩张，桑麻种植在历代的经验技术积累下有了显著的发展，给纺织业提供了充足的生产原料，大大促进了官府、民间纺织业发展，使明清时期纺织物产量激增，品类繁多，质地精良。

明清时期，官府纺织业分属中央与地方两级管理。到清代织机达800多张，机匠2600余人。内府各监局役使匠户23万多家，专门染织匠人有绦匠、织匠、绣匠、毡匠等几十种，形成庞大的官府染织机构。民间纺织业在手工机械纺织基础上，出现了专业机户和染织作坊。

清入关后，其官服制度得以顺利实施，在物质上离不开江南三织造。顺治二年，清军进入江南，江宁、苏州、杭州三处官营织造陆续恢复生产，派员督织。清代派遣制度与明代不同：明朝派太监督织，至顺治三年五月由工部派员；顺治五年又改差户部派员管理；十三年令差内十三衙门派员，一年一更代；直到康熙二年二月，开始令工部选内务府各派一员久任织造，从此以专人督织。三处织造的任务是设机募匠，分织龙衣、棉甲及竹帛、诰敕，以及生产大批的绫、罗、绸、缎、刺绣、刻丝等精美的丝织品，供朝廷和官府服用。

第一章 《红楼梦》人物服饰的类型分析

“服饰”一词按《中国衣冠服饰大辞典》所下定义，是指：服装及首饰。泛指各种人体装饰，包括冠巾、发式、妆饰、衣服、裤裳、鞋履、饰物等。

《红楼梦》一书，作者对人物衣着的描写可谓细致入微，用词极美，除了第一主人公贾宝玉之外，作者把他最精美的笔墨都用于其中女性形象的塑造了。为了方便讨论，按上述定义将人物服饰分为首服、上衣、下裳、足服、其他配饰等五类加以分析。

第一节　首服

首服，即为头部的装饰，可以从头发形式和头部饰物两方面来理解，即发型与饰物。

一、发型

“发型”指头发的式样，古代称“首服”“首饰”等。这里的“首饰”指“发型”，即发髻的样式。

（一）男子发型

第三回写宝玉在家打辫子：“头上周围一转的短发，都结成小辫，红丝结束，共攒至顶中胎发，总编一根大辫，黑亮如漆；从顶到梢，一串四颗大珠，用金八宝坠角。”

第三回写宝玉：“丫鬟话未报完，已进来了一位年轻的公子；头上戴着束发嵌宝紫金冠。”

第八回写宝玉：“一面看宝玉头上戴着累丝嵌宝紫金冠，额上勒着二龙抢珠金抹额。”

第十五回写北静王：“话说宝玉举目见北静郡王水溶头上戴着洁白簪缨银翅王帽。”

第二十一回："在家不戴冠，并不总角，只将四围短发编成小辫，往顶心发上归了总，编一根大辫，红绦结住，自发顶至辫梢，一路四颗珍珠，下面有金坠脚。"

第六十三回："芳官在剃发之前：头上眉额编着一圈小辫，总归至顶心，结一根鹅卵粗细的总辫，拖在脑后。（宝玉）因又见芳官梳了头，挖起纂来，带了些花翠，忙命他改妆；又命将周围的短发剃了去，露出碧青的头皮来，当中分大顶。""（湘云）进见宝玉将芳官扮成男子，他便将葵官也扮了个小子……"

从书中一处写宝玉央告湘云为自己梳头的言语中，表明应是总角后才戴冠的，男子戴冠的普遍形式为先把头发束到头顶盘成髻，再将冠套在髻上，再拿笄左右横穿过冠圈和发髻。戴冠通常为外出和正式场合所用，又如宝黛初会时，宝玉回家进门先是"头上戴着束发嵌宝紫金冠"，而后不多时，换了便装，发式也去了冠，家常化了"头上周围一转的短发，都结成小辫，红丝结束，共攒至顶中胎发，总编一根大辫"。

总体来讲，作者着重交代出青年男子的两种发式，一种是戴冠的，另一种是编辫子的。

上述场景中，有三次人物头型为编的大辫，然而读来三次梳法似略有不同之处。第一次写宝玉是头上接近额头的一圈短发结成小辫，此处为将小辫用红丝带系扎起来，没有说编起来，然后集中于发顶，一齐编一根大辫，从顶到梢四颗珠子，下面坠金八宝。第二次湘云将宝玉头上周围短发编成小辫，而后再归总到发顶，编成大辫，红丝系扎。第三次芳官头上眉额是从眉毛以上包括额头所对部分一圈的短发编成小辫，归总到发顶编成大辫。

发式风俗是一个民族精神文化生活的标志之一，汉族自古以来就是总发为髻的，即留全发、绾髻。推说始于春秋战国，依据孔子的"身体发肤受之父母不可毁伤"之教。古代幼童把垂发扎成两股结于头顶扎成髻，形状如角，因而也用"总角"来代指人的幼童阶段，这种发型男女皆宜。由于后头的头发不够长，梳不起来，不得不垂下，所谓"黄发垂髫"。就如我们在影视剧中看到的哪吒的发式。直到男20岁束发而冠，女子15岁束发而笄，表示成年。满族则儿童时期就开始梳辫子，但是半薙半留，不是全发。

按照书中的宝玉未及成年，然而发型不同于此年龄段传统的汉族样式也区别于传统的满族样式。

汉族成年男子早期的辫发，是并不剃去任何头发，约束几股也不定，盘在头顶（或挽成髻），像西安秦始皇陵兵马俑各式各样的编发发式那样，可以说有且只有秦代才编辫子。不同于宝玉从头顶开始编得很长垂于脑后。

编发作辫，通常是我国北方少数民族常见发式，如契丹族、女真族、蒙古族、满族都辫发。

契丹人的辫子藏于帽内；女真族是“辫发重肩，留颅后发，系以色丝”；蒙古族的辫发多作双辫分列于左右耳旁；满族从女真族旧俗，半薙半留，于额角两端引一直线，将直线以外的头发全部薙去，只留颅后头发，编结为辫，垂于脑后。以彩丝系结，饰以金银珠玉等。同时为了使长大后头发黑，在孩童时要剃去一部分使之重生。但儿童头发长得慢，一时梳不起来，只留头顶胎发，四周剃去或剪短一圈，诨名“马桶盖”。第六十一回中柳家的骂小幺儿：“别叫我把你头上的马盖子揪下来”说的就是这种发式。

因此宝玉的发式是作者有意设计出来的，在我看来大概源于三个因素：一是文学创作的需要，树立风度翩翩的贵族公子的艺术化人物的形象，发式设计更显宝玉的英气俊美；二是当时处于特殊的历史时期，迫于清统治早期“十从十不从”政策，然而“十从十不从”后来改为“老从少不从”，所以作为未成年的宝玉仍可不受影响的，但再看书中成年男子贾政、贾赦、贾珍等人的发式则未有记述，不排除作者有意避而不谈；三是作为雍正时期被抄家的曹雪芹必须要警惕文字狱，再则呼应书中提及故事的发生未有年代可考一说。因此宝玉的发式看上去并非明朝也并非清朝的典型发型。

（二）女子发髻

历代的诗词作家对其曾有过许多生动的描绘。欧阳炯《凤楼春》说的“凤髻绿云丛”是一种凤髻，岑参《敦煌太守后庭歌》“美人红妆色正鲜，侧垂高髻插金钿”说的是侧髻，李白《宫中行乐词》“山花插宝髻”说的是花髻等，女子发髻形式变化不一，不胜枚举。

按《中华古今注》：“自古有髻，而吉者系也。女子十五而笄，许嫁于人，以系他族，故曰髻而吉，榛木为笄，笄以约发也。”“笄”“簪”是同一物体的两种称呼。

中国妇女的发式，形形色色、五花八门，谁也难以说清它究竟有多少种类。远古的披发，汉代妇女的“倭堕髻”，北朝妇女的“十字髻”，唐代妇女的“灵蛇髻”“飞天髻”，宋代妇女的“朝天髻”“同心髻”等，不同朝代会有不同种流行的妇女发式，就像近代不同年代有不同的发型流行样式一样。古代女子发型变化，基本上是按梳、绾、鬟、结、盘、叠、鬓等不同运用手法变化而成，再饰以各种簪、钗、步摇、珠花等首饰。

《红楼梦》中第七十一回，写为贾母庆八旬大寿时“凤姐并族中几个媳妇，两溜雁翅，站在贾母身后侍立……台下一色十二个未留头的小丫头，都是小厮打扮，垂手侍候”。其中“小厮打扮”“未留头的小丫头”就是指周围头发尚未留起来仍着男装打扮的女童。满族女子幼童期间，发式同男孩子一样，薙去四周发，只留颅后发，后编成辫子垂于脑后，未留头是没长齐。至成年待嫁方蓄发，已婚女子多绾髻，梳一字头。

在《红楼梦》中不同场景、不同身份地位、不同性格的人物发式亦各自有别。

书中几处有关发髻的描写见表1-1。

表1-1　红楼女子的发髻

回数	服饰	人物	场合
第三回	金丝八宝攒珠髻	凤姐	项上戴着赤金盘螭璎珞圈，戴着金丝八宝攒珠髻，绾着朝阳五凤挂珠钗
第五十八回	慵妆髻	芳官	晴云过去拉了他……松松地挽了一个慵妆髻
第七回	纂儿	宝钗	薛宝钗穿着家常衣服，头上只散挽着纂儿
第八十九回	随常云髻	黛玉	头上挽着随常云髻，簪上一枝赤金扁簪，别无花朵
第一百零九回	妙常髻	妙玉	只见妙玉头戴妙常髻，身上穿一件月白素绸袄儿，外罩一件水田青缎镶边长背心
第六十五回	散挽乌云	尤二姐	尤二姐只穿着大红小袄，散挽乌云
第一百零九回	纂儿	五儿	只穿一件桃红绫子小袄儿，松松地挽着一个纂儿
第七十一回	鬅头	司棋	鸳鸯眼尖，趁月色见准一个穿红裙子梳鬅头的高大丰壮身材的，是迎春房里的司棋

“金丝八宝攒珠髻”是一种假髻，用金银丝穿聚珍珠并缠扭成各种花样挽发于顶，《天水冰山录》中记有“金宝髻一顶，重九两三钱；金髻三顶，共重一十五两八钱；金丝髻五顶，共重一十八两六钱。”凤姐的“金丝八宝攒珠髻”是上面所说的髻。“髻”的样子和戴法，叶梦珠《阅世编》中所说的髻，一种是指头发梳成的“髻”，另一种是指套于髻上束发、压发的饰物。此处说到戴就是指的压发、束发来用的，不然就会说梳着或者挽着髻，而不是戴着了。

拔拽金丝的工艺发展到明代时曾达到顶峰，工匠用纤细金丝制作皇帝、皇后的龙凤冠，除了冠内细金丝编织之外，还有用堆垒的技法制成浮雕龙凤，再运用点翠、镶嵌工艺把珠宝、翠羽饰品进行巧嵌。凤姐的金丝八宝攒珠髻正是此种。还有宝玉的“累丝嵌宝紫金冠”，累丝嵌宝也同此类，由此可见贾府的富贵奢华。

“随云髻”类似侧拧之形式，其髻如随云卷动（图1–1）。据《国宪家猷》记载：“陈宫梳随云髻。”这种发式生动灵转，颇为仕女所好。黛玉的随常云髻与此类似，作者借由发式展现出黛玉的灵动、清秀和气质不凡，不对称的发型表达出黛玉个性上的不循规矩和超脱自然的气度，同时符合才女诗人的古典美韵味，于是，这种随云髻同林妹妹的弱柳扶风相得益彰，在我们的记忆深处成为一抹永久的印记。

图1–1　随云髻

“妙常髻”是明代高濂创作的传奇《玉簪记》中道姑妙常的发髻，是单髻，上覆巾帻，垂长丝绦，明末清初吴中一般女子颇好此髻，书中的妙玉是带发修行的女子，所以要梳这种发髻（图1–2）。另几种所写都是松散的发髻：“纂”同“攒”，是一种随意梳成的发髻，“慵妆髻”是一种蓬松而偏垂向一边的发髻，“鬅头”是一种松挽的云髻，在额前起鬅。我们发现梳着此类发髻的女子，多为丫头、女伶和身份稍

图1–2　妙玉

显低微的尤二姐，说明这种发髻不为繁杂高贵之类，是一种随意居家的形式。宝钗也梳此种发髻，薛姨妈说宝钗古怪不喜欢花儿粉儿，书中写宝钗衣着素雅，半新不旧，几个场景中着装色彩是葱黄、蜜合、莲青、玫瑰紫这些纯度和饱和度不高的颜色，宝钗拿下璎珞给宝玉看的时候，解开外衣才见到大红袄，也是藏在里面穿的。宝钗住处雪洞一般，并无装饰，贾母一句话说得一针见血，年轻姑娘，房里这样素净，也忌讳。大概也是作者对宝钗悲剧结局的一种暗示。宝钗的发式服饰是同她的整体人物相统一的，与她“罕言寡语，人谓藏愚；安分随时，自云守拙”的性格吻合。宝钗在贾府上下博得好人缘，就连婆子、丫鬟都赞她会处事，朴素的穿戴使她尤显得随和、平易近人，作为贵族小姐却是这样的打扮，是服务于刻画人物需要的。

二、头饰

（一）巾

书中有关巾的描述见表1-2。

表1-2　人物的巾戴

回数	服饰	人物	场合
第三回	二龙抢珠金抹额	宝玉	头上戴着束发嵌宝紫金冠，齐眉勒着二龙抢珠金抹额
第十五回	双龙出海抹额	宝玉	见宝玉戴着束发银冠，勒着双龙出海抹额
第六回	秋板貂鼠昭君套	凤姐	那凤姐家常带着秋板貂鼠昭君套，又围着攒珠勒子
第四十九回	挖云鹅黄片金里大红猩猩毡昭君套	史湘云	头上戴着一顶挖云鹅黄片金里大红猩猩毡昭君套，又围着大貂鼠风领
第五十回	灰鼠暖兜	贾母	说着，远远见贾母围了大斗篷，灰鼠暖兜
第七十六回	软巾兜	贾母	只见鸳鸯拿了软巾兜与大斗篷来，说：“夜深了，恐露水下来，风吹了头，须要添了这个……”
第四十九回	观音兜	探春	探春正从秋爽斋来，围着大红猩猩毡斗篷，戴着观音兜

续表

回数	服饰	人物	场合
第四十二回	包头	刘姥姥	平儿悄悄地笑道："……还有四块包头……是我送姥姥的。"
第六回	攒珠勒子	凤姐	那凤姐家常带着秋板貂鼠昭君套，围着攒珠勒子

眉勒作为一种首服，是我国妇女的传统饰物之一。古时称为"半帻""抹额""额子""抹头"等，在唐宋时期抹额还只是军将武士仪卫的一种额饰，故有军容抹额之称。武士仪卫以布抹额作部队的标识，不同颜色的抹额代表不同的部队。至明清时期才发展成最盛行的妇女头饰（图1–3）。

抹额所用到的刺绣针法一般为平绣、锁绣、连物绣、盘金绣等独具民间艺术特色的手工针法。例如，以山西民间图案为单独式牡丹花纹，运用平绣针法的台湾客家传统服饰盘金绣花鸟纹眉勒，用红色丝线将若干根金线缝缀在眉勒边缘，这若干根金线排成一条金黄色条状面与眉勒边缘黑色滚边形成强烈对比。眉勒普遍刺绣图案工整、细腻，方寸之间体现了其装饰方法的工巧（图1–4）。

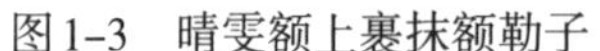

图1–3　晴雯额上裹抹额勒子

图1–4　各式传世抹额

民间流传下来的抹额，多为青黑素色底，与头发颜色相似，将之扎于头上，在色彩上达到协调。山西传世抹额均以低明度的藏青色为底色基调，上面的花卉配中、高明度的大红、枣红、绯红、橘黄、翠绿、粉绿、钴蓝等，色彩对比强烈，新鲜浓艳，富于装饰感，有浓厚的中原地区民间色彩。不同地域的不同生活方式孕育着不同的民族文化，民族图案从产生到发展，受到民族心理、民族信仰和民俗习惯的影响，抹额上的图案纹样如花卉、喜鹊闹梅、龙凤呈祥、凤穿牡丹、鸳鸯戏水等，均有很强的象征意义，人们常常通过这些图案来表达对美好生活的向往。

宝玉是将覆在前额上的金饰与束发冠配套使用的。《续汉书·舆服志》注，胡广说道："北方寒冷，以貂皮暖额，附施于冠，因遂变成首饰，此即抹额之滥觞。""二龙抢珠""双龙出海"均为抹额上的纹饰。而凤姐则是昭君套和抹额一同佩戴，"昭君套"是从抹额演变而来的，是真正具有防风保暖作用的头饰，以皮毛制成，从上额斜向包住双耳，上露出头顶，平步青《霞外攟屑》卷十："以貂皮暖额，即昭君套抹额，又即包帽、齐眉，伶人曰额子。"因形同戏曲、绘画中昭君出塞所戴的罩而得名。"秋板貂鼠""大红猩猩毡"为制作所用的皮料。暖帽者，冬春之礼冠也，立冬前数日戴之。

同类的装饰还有暖兜、雪帽、观音兜、软巾兜，都是用于御寒的保暖帽兜。有关观音兜的提法，据曹庭栋《养生随笔》卷三："脑后为风门穴，脊梁第三节为肺俞穴，易于受风，办风兜如毡雨帽以遮护之，不必定用毡制，夹层绸制亦可，缀以带二，覆于颔下，或小纽作扣，并得密遮两耳，家常出入，微觉有风，即携以随身，兜于帽外。"因其形制与观音塑像所戴之帽兜相似，因此叫它观音兜。宝琴所戴就是观音兜，将两颊后面全部包覆起来并系带子于颌下，20世纪90年代北方地区冬季儿童戴的帽子就是从此形制演变而来，继而是将帽子和衣服分体了，多用毛线织成。沈从文先生在《中国古代服饰研究》一书中提到："'貂鼠卧兔儿''海獭卧兔儿'主要重在装饰效果，实无御寒作用。但'昭君套'却全在出门御寒防风雪，具保护作用。至于遮眉勒条，老年妇女重在御寒防风，青年妇女则作为装饰而流行。"关于"攒珠勒子"，强调上面以珠子来装饰的特点。《清稗类钞·服饰》"苏人称女冠为兜勒""今苏人称妇女之冠亦曰勒。"又称帽箍，上缀珠翠或绣花朵，以黑绒制者为多，套于额上掩及耳间，系两带结于髻下。另有珍珠箍者，下尖上宽，贴近两眉间，亦结带于后。图1-5中仕女头戴"勒子"（其上蝙蝠寿字纹）。

而最为简洁的头部装饰是“包头”又称额帕。清代叶梦珠《阅世编》卷八:“今世所称包头，意即古之缠头也。古或以锦为之。前朝冬用乌绫，夏用乌纱，每幅约阔二寸，长倍之。予幼所见，皆以全幅斜褶阔三寸许，裹于额上，即垂后，两杪向前，作方结，未尝施裁剪也。高年妪媪，尚加锦帕，或白花青绫帕单里缠头，即少年装矣。”包头的形制上包裹面积更大，可以说是更为宽大的裹头缠头之物。

图1-5 《雍亲王题书堂深居图屏·倚门观竹》局部

由此可见，这种头部装饰在当时比较流行，平民和贵族都喜好，不同的是平民所戴为简易的包头，而贵族人家是讲究质料和装饰的，“貂鼠”“灰鼠”等类高档的皮货只有像凤姐、贾母这样的有着贵族家长身份的人佩戴。宝玉的抹额配冠、凤姐的昭君套配攒珠勒子，则更显华丽高贵，从厚度和样式上来看，攒珠勒子在眉上，昭君套是上缘在勒子上，两侧包耳以御寒，像宝玉这样特殊身份的贵族公子才佩戴有“二龙抢珠”“双龙出海”这类特殊纹样的头饰。

(二)冠

书中有关冠的描述见表1-3。

表1-3 人物的冠饰

回数	服饰	人物	场合
第三回	束发嵌宝紫金冠	宝玉	丫鬟话未报完，已进来了一位年轻的公子；头上戴着束发嵌宝紫金冠
第八回	累丝嵌宝紫金冠	宝玉	一面看宝玉头上戴着累丝嵌宝紫金冠，额上勒着二龙抢珠金抹额
第十五回	束发银冠	宝玉	见宝玉戴着束发银冠，勒着双龙出海抹额

冠，是汉族传统束发之具。《释名·释首饰》："冠，贯也，所以贯韬发也。"明·刘若愚《酌中志》卷十九"束发冠"（图1-6）："其制如戏子所戴者，用金累丝造之，上嵌晴绿珠石。每一座，有值数百金或千余金，二千金者。四爪蟒龙在上蟠绕，下加额子一件，亦如戏子所戴，左右插长雉羽焉。"

紫金冠又名太子盔，戏曲中多用于王子及年少的将领。前扇为额子，后扇在圆形头盔顶上加多子头（垛子头）。左右挂长穗，背后挂一排短穗。底色以银色为多，亦有金色的。束发紫金冠，正中有一个大绒球，冠型小巧而不覆发，亦不挂穗。嵌宝意为镶嵌珠宝。累丝如前所述，明清出土的累丝嵌宝金发簪（图1-7、图1-8）。《清稗类钞·服饰》云，顺治四年"复诏定官民服饰之制……幼童亦加冠于首，不必逾二十岁而始冠也"。宝玉的年龄未满二十正与此相符。由以上的束发冠的形式和纹样可大致想象出宝玉所戴之冠。借用戏曲中的头饰概因作者的架空设计和美化形象的需要。

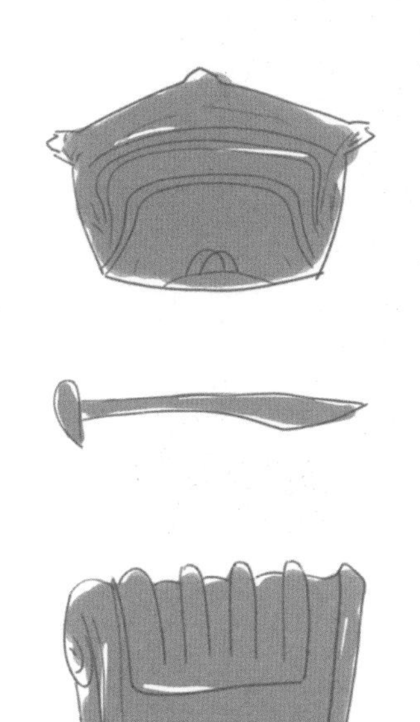

图1-6　束发冠

图1-7　累丝点翠嵌宝黄金头饰发簪（清）

图1-8　累丝嵌宝衔珠金凤簪（明）

（三）帽

书中有关帽饰的描述见表1-4。

表1-4　人物的帽饰

回数	服饰	人物	场合
第四十九回	雪帽	黛玉	罩了一件大红羽纱面白狐狸里的鹤氅，束一条青金闪绿双环四合如意绦，头上罩了雪帽
第九十三回	毡帽	包勇	过不几时，忽见有一个人头上戴着毡帽，身上穿着一身青布衣裳
第十五回	洁白簪缨银翅王帽	北静王	话说宝玉举目见北静郡王水溶头上戴着洁白簪缨银翅王帽

图1-9　王帽

“簪缨”是古代官吏的冠饰，此处为冠正前方的绒球，第八回中黛玉为宝玉整理斗笠，写道“轻轻笼住束发冠，将笠沿掖在抹额之上，将那一颗核桃大的绛绒簪缨扶起，颤巍巍漏于笠外”，可知簪缨之形。“银翅”为饰银的帽翅，“王帽”又称堂帽，皇帽，戏曲盔帽，图1-9为手工戏曲中王帽的实物。为剧中皇帝专用之礼帽。帽形微圆，前低后高，金底，上铸金龙，缀黄色绒球，后有朝天翅一对，左右各挂黄色大穗。皇帽是皇帝的专用礼冠，在登基、朝会、谒庙、庆典时戴用。皇帽亦称“九龙冠”，系金底上缀金龙十二只，大龙一只、金黄手工真丝绒球、珍珠百余颗，后有朝天翅两根，两耳龙尾垂黄色流苏。书中为北静王配了顶戏曲中的王帽，应该也是作者有意而为，同写宝玉一样故意模糊所写的朝代。

“雪帽”如前所述，也称“观音兜”，是一种挡风雪的帽子。《警世通言·赵太祖千里送京娘》：“公子扮作客人，京娘扮作村姑，一般的戴个雪帽，齐眉遮了。”

“毡帽”，用兽毛或化学纤维制成的片状物。形如三大碗，里外乌黑，毛毡厚实，贴切硬梆的绍兴乌毡帽，清朝很盛行。后来戴乌毡帽成了绍兴人的一个鲜明标志。从高鹗的描述中，反映了清乾隆时期毡帽已是一般平民的帽饰。

另外，第四十五回和第四十九回中还提到一种特殊的冠戴，那就是雨天所服的笠。因为与笠佩套使用的常为蓑衣，所以一并说明。

（四）蓑衣、斗笠

书中有关蓑衣和斗笠的描述见表1-5。

表1-5 人物所着的蓑衣、斗笠

回数	服饰	人物	场合
第四十五回	蓑衣，斗笠	宝玉	宝玉笑道："我这一套是金的，有一双棠木屐，才穿了来，脱在廊檐上了。"黛玉又看那蓑衣不是寻常市卖的，十分细致轻巧，因说道："是什么草编的？怪道穿上不像那刺猬似的。"宝玉道："这三样都是北静王送的，他闲了下雨在家里也是这样……这斗笠有趣，竟是活的，上头的这顶儿是活的，冬天下雪，带上帽子，就把竹信子抽了，去下顶子来，只剩下这圈子"
第四十九回	金藤笠，玉针蓑	宝玉	披了玉针蓑，戴上金藤笠，登上沙棠屐
第八回	大红猩毡斗笠	宝玉	那丫头便将着大红猩毡斗笠一抖，才往宝玉头上一合
第四十五回	大箬笠，蓑衣	宝玉	只见宝玉头上戴着大箬笠，身上披着蓑衣

唐代诗人张志和有首诗《渔歌子》中有过非常优美的描绘："青箬笠，绿蓑衣，斜风细雨不须归。"我国元代画家唐棣的《烟波渔乐图》（图1-10）就很形象地描绘出了身穿蓑衣，头戴斗笠的渔者江上捕鱼的生动场景。

"箬"为竹名，也作"篛"；"笠"是用细藤或竹叶、树叶编织而成的宽边帽，相传"笠所以御雨也，因其形似斗"，故称"斗笠"；"蓑衣"是用蓑草编成的一种衣服，蓑草也称龙须草，拟金茅，多年生草本，秆紧密丛生，叶狭线形，以全草编衣，草形似针，所以称玉针蓑。而第八回所说的大红猩毡斗笠较一般竹箬制品不同。宝玉在此处也有说明，说顶部是活的，因宝玉戴着束发冠和抹额，所以是将顶部取掉了，从黛玉的佩戴手法，可以看出，是将斗笠从脑后方穿过冠和簪缨，戴于抹额之上的，做成毡的材质则比较温暖。

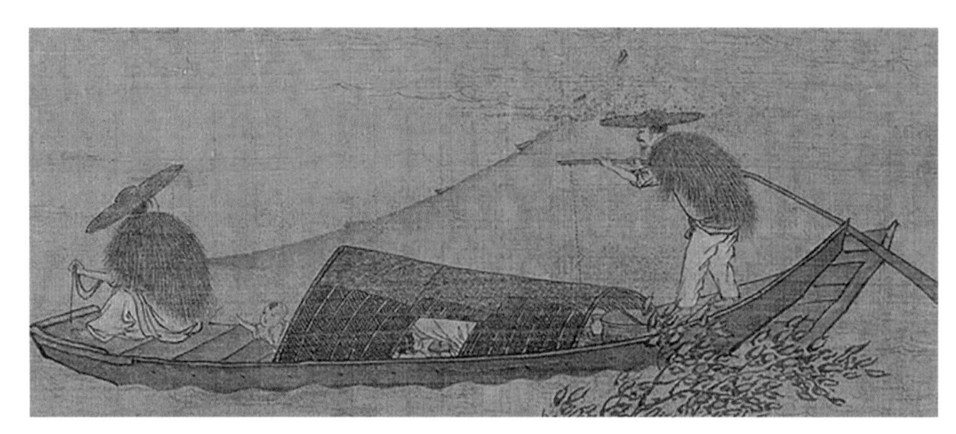

图1-10 烟波渔乐图

（五）钗、簪

书中有关钗、簪的描述见表1-6。

表1-6 人物所着的钗、簪

回数	服饰	人物	场合
第三回	朝阳五凤挂珠钗	凤姐	头上戴着金丝八宝攒珠髻，绾着朝阳五凤挂珠钗
第五十二回	一丈青	晴雯	晴雯便冷不防欠身一把将他的手抓住，向枕边取了一丈青向他手上乱戳
第二十一回	簪	袭人	只见他娇嗔满面，情不可禁，便向枕边拿取一根玉簪来，一跌两段
第三十回	簪	龄官	蹲在花下，手里拿着根绾头的簪子在地下抠土
第八十九回	簪	黛玉	头上挽着随常云髻，簪上一枝赤金扁簪

钗为古笄之遗，秦穆王以象牙为之，周敬王以玳瑁为之，至秦始皇时则始以金银为之。在魏晋时期的文献记载中，也常见有“三子钗”“三珠钗”“三珠横钗”等名称。

凤姐绾着“朝阳五凤挂珠钗”，五代后唐马缟《中华古今注》：“钗子，盖古笄之遗像。”凤姐的钗明代有二式：一是按品金冠，均有金凤衔珠串；二是金玉凤头簪，口衔珠结串，下垂于鬓。

“朝阳五凤挂珠钗”，按照人民文学出版社1982年版的《红楼梦》注释，朝阳五凤挂珠钗是“一种长钗，钗头分做五股，每股一只凤凰，口衔一串珍珠。”钗有多长？如何竟能够分做五股？且每股还有一只凤凰？凤凰口中还要衔着珍珠一串？钗是用“挺”来承重的，如果真是这个样子，那“挺”得有多粗？所以启功先生曾在他的《读〈红楼梦〉札记》中指出，朝阳五凤挂珠钗的形制应该是参考了清代首饰钿子，因为清代钿子也有规定，皇族用九凤，命妇五凤，称“朝阳九凤钿”或者“朝阳五凤钿”（图1–11）。

图1–11　点翠嵌珠宝五凤钿（清）

“簪”又称笄，用度有二：一是连冠于发，二是固定发髻。《说文通训定声》说：“按笄有二：安发之笄，男女皆有之，固冕之笄，惟男子有之。”《仪礼·士冠礼》：“皮弁笄，爵弁笄。”是男子安发之笄；《郑语》：“既笄而孕”注“女十五而笄。”是女子安发之笄。男女发笄都可做固发来用，男子还有一种用法就是固定冠的笄。《红楼梦》中“簪”宝玉因要戴冠，用的是“固冕弁之笄”，也用于“安发”，龄官和黛玉用的为“安发之簪”。

簪与钗均为头饰，但有时混淆，大或用于绾束，使发髻不散用，一用于插鬓，也起拢发，护发用，插头金簪一头常有耳挖。簪为男女可用，出现较早，为单股，用来固发，而钗是女性佩戴，出现较晚，为双股簪，也有多股，或装饰有各式珠翠等，可插于鬓边，主要起护发、拢发和装饰作用，很多时候会把它当成一种“信物”，可作为定情之物，守约之信等。“一丈青”是一种细长的簪，一头尖，一头有一个小勺，即耳挖子。图1–12就是此类发簪。《儿女英雄传》第二十回有：“头上梳着短短的两把头儿，扎着大壮的猩红头把儿，别着一枝大如意头的扁方儿，一对三道线儿的玉簪棒儿，一枝一丈青的小耳挖子”说的便是此样式。

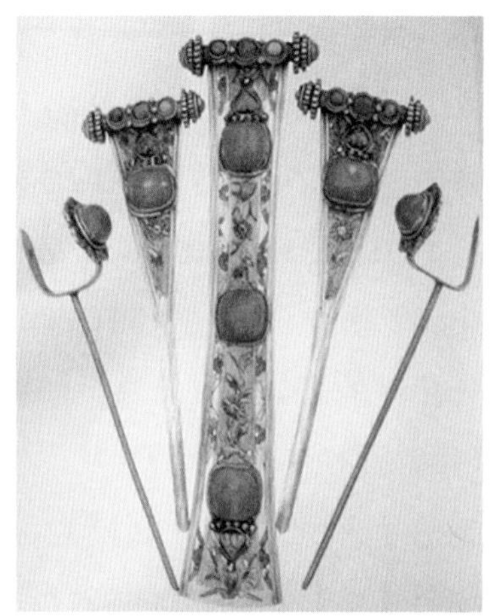

图1-12　一丈青

第二节　上衣

中国服饰的穿着习惯有“上衣下裳”和“衣裳连体”之分，前者是说服饰穿着在人体上分为两截，后者是春秋战国时出现的上下合并的服装，叫做“深衣”。按《中国衣冠服饰大辞典》“上衣”条云：省称“衣”，障蔽身体之具。最初以毛皮、树叶为之，后多用布帛。因遮蔽上身，故称，有别于遮蔽下体的“下裳”。本书将分体的上装与连体的袍、褂都归到上衣部分来论述，将单独遮蔽下体的裤和裙归做下裳。

上衣按类来分如下所示：

一、箭袖

书中有关箭袖的描述见表1-7。

表1-7　人物所着的箭袖

回数	服饰	人物	场合
第三回	二色金百蝶穿花大红箭袖	宝玉	齐眉勒着二龙抢珠金抹额，穿一件二色金百蝶穿花大红箭袖，束着五彩丝攒花结长穗宫绦，外罩石青起花八团倭缎排穗褂

续表

回数	服饰	人物	场合
第八回	秋香色立蟒白狐腋箭袖	宝玉	身上穿着秋香色立蟒白狐腋箭袖，系着五色蝴蝶鸾绦
第十五回	白蟒箭袖	宝玉	穿着白蟒箭袖，围着攒珠银带
第十九回	大红金蟒狐腋箭袖	宝玉	当下宝玉穿着大红金蟒狐腋箭袖，外罩石青貂裘排穗褂
第五十二回	荔色哆罗呢天马箭袖	宝玉	贾母见宝玉身上穿着荔色哆罗呢天马箭袖，大红猩猩毡盘金彩绣石青妆缎沿边的排穗褂子
第九十四回	狐腋箭袖	宝玉	忽然听说贾母要来，便去换了一件狐腋箭袖，罩一件元狐腿外褂

明代叶绍袁《痛史·启祯记闻录》："抚按有司申饬，衣帽有不能备营帽箭衣者，许令黑帽缀以红缨，常服改为箭袖。"《儒林外史》第十二回："内中走出一个人来，头戴一顶武士巾，身穿一件青绢箭衣。"清代洪昇《长生殿·贿权》："净扮安禄山箭衣、毡帽上。"《中国歌谣资料·沪谚外编·山歌》："前清时代，箭衣装起皮甋袖，蒙茸细毛都湿透，淋漓尽致，无伸无缩，出门口，自家不规矩，恶作剧一场，只闷受。""甋袖"为马蹄袖，可见明代便有箭袖之称，而它与清代时的马蹄袖有何不同呢？

箭袖起源于北方民族服饰，古称窄袖。箭袖的大致形态从袖根到袖口逐渐收紧。胡服的箭袖通常会有一个宽厚的袖缘，宽厚袖缘容易上翻，便于骑射和劳作，把袖缘放下可以保暖。而汉服的箭袖一般没有袖缘或袖缘比较窄。

明代北方地区的出行俑中也有此表现。因为袖口窄小，无论从事什么工作都颇为方便，也易于保暖。所以，千百年后，从军服、官服到百姓常服，箭袖广为流传，成为汉服的一种袖制。所以，宽硬袖缘并非满族特有，箭袖和马蹄袖是需要区别开来的。箭袖和马蹄袖是两种不同的袖制。将箭袖和马蹄袖混为一谈是最常见的认知错误，其不同之处见图1-13。满族的马蹄袖是在传统的箭袖基础上发展而来，把

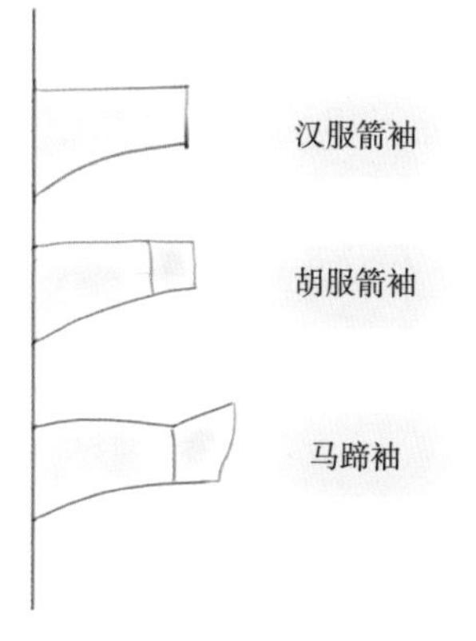

图1-13 箭袖和马蹄袖的区别

箭袖的袖缘改为马蹄状，这也是马蹄袖名字的由来。

马蹄袖衣服袖身窄小，袖端头为斜面，袖口面较长，弧形，可覆住手背，以便不影响射箭且可保暖。这与满族的游牧生活性质和气候条件相适应。自公元1644年满族入主中原以后，他们的生活条件和社会地位发生了变化，箭袖逐渐失去了原来的实用意义，而成为一种修饰，初期清代宫廷主张不废骑射，将箭袖用于礼服。平时挽起，行礼时以敏捷的动作放下，否则为大不敬。也不再穿带有箭袖的旗袍了。书中几处写贾宝玉总是在出门或从外边回来的时候穿着箭袖，这说明此种礼服不是一般在家里穿的，而是外出偏正式的服装。颜色上有秋香、白、大红、荔色、二色金等，书中质料上主要是毛皮，纹样上有百蝶穿花、立蟒、金蟒等。

二、褂

书中有关褂的描述见表1–8。

表1–8 人物所着的褂

回数	服饰	人物	场合
第三回	石青起花八团倭缎排穗褂	宝玉	穿一件二色金百蝶穿花大红箭袖，束着五彩丝攒花结长穗宫绦，外罩石青起花八团倭缎排穗褂
第三回	五彩刻丝石青银鼠褂	凤姐	身上穿着镂金百蝶穿花大红洋缎窄裉袄，外罩五彩刻丝石青银鼠褂，下着翡翠撒花洋绉裙
第八回	大红羽缎对襟褂子	黛玉	宝玉因见他外面罩着大红羽缎对襟褂子
第八回	玫瑰紫二色金银鼠比肩褂	宝钗	蜜合色棉袄，玫瑰紫二色金银鼠比肩褂，葱黄绫棉裙
第十九回	石青貂裘排穗褂	宝玉	当下宝玉穿着大红金蟒狐腋箭袖，外罩石青貂裘排穗褂
第四十九回	海龙皮小小鹰膀褂	宝玉	只穿一件茄色哆罗呢狐皮袄子，罩一件海龙皮小小鹰膀褂，束了腰
第五十回	半旧狐腋褂	宝玉	袭人也遣人送了半旧狐腋褂来
第五十回	紫羯褂	凤姐	一语未了，忽见凤姐儿披着紫羯褂

续表

回数	服饰	人物	场合
第五十二回	大红猩猩毡盘金彩绣石青妆缎沿边排穗褂	宝玉	贾母见宝玉身上穿着荔色哆罗呢的天马箭袖，大红猩猩毡盘金彩绣石青妆缎沿边排穗褂子
第九十四回	元狐腿外褂	宝玉	忽然听说贾母要来，便去换了一件狐腋箭袖，罩一件元狐腿外褂
第五十一回	青缎灰鼠褂	袭人	又看身上穿着桃红百子刻丝银鼠袄子，葱绿盘金彩绣绵裙，外面穿着青缎灰鼠褂
第四十九回	貂鼠脑袋面子大毛黑灰鼠褂	史湘云	一时史湘云来了，穿着贾母与他的一件貂鼠脑袋面子大毛黑灰鼠褂，黑灰鼠里子里外发烧大褂子
第五十一回	石青刻丝八团天马皮褂	凤姐	一面说，一面只见凤姐儿命平儿把昨日那件石青刻丝八团天马皮褂拿出来
第五十一回	雪褂子	凤姐	凤姐又命平儿把一个玉色绸里的哆罗呢的包袱拿出来，又命包上一件雪褂子
第四十九回	青哆罗呢对襟褂子	李纨	只见众姊妹都在那边，都是一条大红猩猩毡斗篷，独李纨穿一件青哆罗呢对襟褂子
第九十回	佛青银鼠褂子	凤姐	一斗珠儿的小皮袄，一条宝蓝盘锦镶花绵裙，一件佛青银鼠褂子
第四十二回	青皱绸一斗珠羊皮褂	贾母	只见贾母穿着青皱绸一斗珠羊皮褂，端坐在榻上

内穿袍，外着褂是清代满洲的主要礼服。“褂子”称谓虽说明代时已有，但明代方以智《通雅 · 衣服》中说：“今吴人谓之衫，北人谓之褂。”徐珂《清稗类钞·服饰》中说：“褂，外衣也，礼服之加于袍外者，谓之外褂，男女皆同此名称，唯制式不同耳。”

褂有补褂、常服褂、行褂等几种形式。补褂是官服褂，衣长过膝，袖长过肘，对襟施扣，宗室开四衩，一般官吏士庶开两衩，褂的前后各缀一块“补子”；常褂是平常所穿的褂子，形制与补褂大体相同，无补子；行褂是外出穿着的褂子，长仅及腰，袖长及肘，袖口平齐宽大，短衣短袖便于骑马，又称“马褂”。马褂的形制有对襟、大襟和缺襟的区别。对襟马褂多当作礼服，清初尚天青色，至乾隆中尚玫瑰紫，嘉庆时尚泥金色及浅灰色，夏天及纱制则多用棕色，其大袖对襟马褂可以代替外褂作正式行装，用天青色；大襟马褂多为常服，衣襟开在右边，其四周有用异色为缘边的属于便服；缺襟马褂制如缺襟袍，又称“琵琶襟马褂”，衣襟短缺，与缺襟袍相似，多为行装。

马褂大多为短袖，袖口平齐而宽大，质料除了绸缎之外还有皮毛，开始于乾隆年间，如海龙、玄狐、猞猁、紫貂、倭刀、草上霜等。按定例，紫貂马褂，为皇上打围时所御之衣，虽亲王、阁部大臣等，不能用；得胜褂，为马褂之一种，骒襟方袖。初仅用之于行装，俗称对襟马褂。传文忠征金川归，喜其便捷，平时常服之，名曰得胜褂，由是遂为燕居之服；马褂之非对襟而右衽者，便服也。两袖亦平，唯襟在右。俗以右手为大手，因名右襟曰大襟。其四周有以异色为缘者；马褂之右襟短缺而略如缺襟袍者，曰琵琶襟马褂，或亦谓之曰缺襟。袖与袍或衫皆平。图1–14为晚清马褂款式，逐渐变得锦绣华丽。

图1–14　天青纱大镶边右衽女马褂（晚清）

《红楼梦》中所写宝玉常在箭袖外穿褂，宝钗、凤姐、袭人等都在袄和裙外着褂。黛玉初至荣国府时，见到王熙凤穿着“缕金百蝶穿花大红洋缎窄裉袄，外罩五彩刻丝石青银鼠褂”。第四十九回中的李纨穿着“青哆罗呢对襟褂子”。袭人要回家探亲时也是在“桃红百子刻丝银鼠袄子”外，再套上“青缎灰鼠褂”。按道理穿着褂时，应看不见里面的袄，但是作者总是袄、褂一起写，说明褂可以随时脱去，只穿袄也不为失礼。袄、褂都有“裉”，即腋下腰身部分，窄裉、直裉

（不说宽裉）是指式样肥瘦上的不同，窄裉是小腰身。

鹰膀，是乾隆时期八旗子弟常穿的一种外褂，由巴图鲁马甲演变而来，“巴图鲁”满族语意为勇士，八旗子弟多把它穿在袍服外，后来又在两旁加上两只袖子，时称“鹰膀”，是长袖短身的褂子。

可见书中的褂，男女都穿，多用毛皮做成。颜色上有石青、大红、玫瑰紫、紫、青、佛青，质料上有缎、毛皮、哆罗呢、绸等，纹样有刻丝八团、八团、五彩刻丝、二色金银丝、盘金彩绣，式样还有下边缘用排穗、沿边排穗等，为下缘垂有一排流苏穗子的褂子。

三、袄

书中有关袄的描述见表1-9。

表1-9　人物所着的袄

回数	服饰	人物	场合
第三回	银红撒花半旧大袄	宝玉	身上穿着银红撒花半旧大袄，仍旧带着项圈、宝玉、寄名锁
第六回	桃红撒花袄	凤姐	穿着桃红撒花袄，石青刻丝灰鼠披风
第十七回	红袄	宝玉	因忙把衣领解了，从里面红袄襟上将黛玉所给的那荷包解了下来
第八回	大红袄	宝钗	一面说，一面解了排扣，将大红袄上那珠宝晶莹黄金灿烂的璎珞掏将出来
第六十五回	大红小袄	尤二姐	尤二姐只穿着大红小袄，散挽乌云
第六十五回	大红袄子	尤三姐	这尤三姐松松挽着头发，大红袄子半掩半开
第二十六回	银红袄子	袭人	穿着银红袄子，青缎背心，白绫细折裙
第九十四回	皮袄	宝玉	那日宝玉本来穿着一裹圆的皮袄……便去换了一件狐腋箭袖
第四十九回	茄色哆罗呢狐皮袄子	宝玉	只穿一件茄色哆罗呢狐皮袄子，罩一件海龙皮小小鹰膀褂
第八十九回	月白绣花小毛皮袄	黛玉	但身上穿着月白绣花小毛皮袄，加上银鼠坎肩

续表

回数	服饰	人物	场合
第九十回	松花色绫子小皮袄	凤姐	叫平儿取了一件大红洋绉的小袄儿，一件松花色绫子一斗珠的小皮袄
第四十五回	半旧红绫短袄	宝玉	黛玉看脱了蓑衣，里面只穿半旧红绫短袄，系着绿汗巾子
第七十三回	短袄	麝月	因见麝月只穿着短袄，解了裙子
第五十一回	红绸小棉袄	麝月	麝月忙起来，单穿着红绸小棉袄
第五十一回	貂颏满襟暖袄	宝玉	麝月听说，回手便把宝玉披着起夜的一件貂颏满襟暖袄披上
第四十九回	靠色三镶领袖秋香色盘金五色绣龙窄裉小袖掩襟银鼠短袄	史湘云	只见他里面穿着一件半新的靠色三镶领袖秋香色盘金五色绣龙窄裉小袖掩襟银鼠短袄，里面短短的一件水红装缎狐肷褶子
第六十三回	大红棉纱小袄	宝玉	宝玉只穿着大红棉纱小袄子，下面绿绫弹墨夹裤，散着裤脚
第八回	蜜合色棉袄	宝钗	蜜合色棉袄，玫瑰紫二色金银鼠比肩褂，葱黄绫棉裙
第四十回	大红棉纱袄	凤姐	凤姐忙把自己身上穿的大红棉纱袄子襟儿拉了出来
第五十八回	海棠红小棉袄	芳官	那芳官只穿着，底下丝绸撒花夹裤
第七十回	灰鼠袄	宝玉	宝玉听了，忙披上灰鼠袄子出来一瞧
第五十一回	桃红百子刻丝银鼠袄	袭人	又看身上穿着桃红百子刻丝银鼠袄，葱绿盘金彩绣绵裙
第七十八回	松花绫子夹袄	宝玉	将外面的大衣服都脱下来拿着，只穿着一件松花绫子夹袄，袄内露出血点般大红裤子来
第一百零九回	月白绫子锦袄	宝玉	宝玉听了，连忙把自己盖的一件月白绫子锦袄儿揭起来递给五儿，叫他披上
第三回	红绫袄	一丫鬟	茶未吃了，只见一个穿红绫袄青缎掐牙背心的丫鬟走来
第七十七回	红绫袄	晴雯	晴雯又伸手向被内将贴身穿着的一件旧红绫袄脱下
第二十四回	水红绫子袄儿	鸳鸯	回头见鸳鸯穿着水红绫子袄儿，青缎子背心

续表

回数	服饰	人物	场合
第四十六回	半新藕荷色绫袄	鸳鸯	只见他穿着半新藕合色绫袄，青缎掐牙背心
第五十七回	弹墨绫薄绵袄	紫鹃	一面说，一面见他穿着弹墨绫薄绵袄，外面只穿着青缎夹背心
第一百零九回	桃红绫子小袄	五儿	却因赶忙起来的，身上只穿着一件桃红绫子小袄
第三回	缕金百蝶穿花大红洋缎窄裉袄	凤姐	身上穿着缕金百蝶穿花大红洋缎窄裉袄，外罩五彩刻丝石青银鼠褂
第六十八回	月白缎袄	凤姐	只见头上皆是素白银器，身上月白缎袄，青缎披风
第一百零九回	月白素绸袄儿	妙玉	身上穿着一件月白素绸袄儿，外罩一件水田青缎镶边长背心
第七十回	葱绿院绉小袄	晴雯	那晴雯只穿着葱绿院绉小袄，红小衣，红睡鞋
第九十回	大红洋绉小袄儿	凤姐	凤姐叫平儿取了一件大红洋绉小袄儿，一件松花色绫子一斗珠的小皮袄儿
第五十二回	锁子甲洋锦袄袖	真真国女孩	那真真国的女孩子身上穿着金丝织的锁子甲洋锦袄袖，带着倭刀，也是镶金嵌宝的
第五十七回	月白缎子袄	雪雁	跟他的小丫头子小吉祥儿没衣裳，要借我的月白缎子袄
第六十三回	玉色红青酡色缎子斗的水田小夹袄	芳官	当时芳官满口嚷热，只穿着一件玉色红青酡色缎子斗的水田小夹袄，束着一条柳绿汗巾

袄是从襦衍变出来的一种短衣，是有衬里的上衣，比襦长比袍短的一种冬衣，有时代替袍外用。衣长大多到人体的胯部，古时的袄可做男女通用的常服，多以质地厚实的织物制成，大襟窄袖，缀有衬里，所以也称“夹袄”。若在其中纳以絮棉，则称“棉袄”。袄，按质料分，有皮袄、绫袄、棉袄、缎袄、绸袄、锦袄、绉袄等，按长短分有大袄、短袄、小袄等，按形式分有掩襟、满襟等。现有的实物中有绒地绣花对襟大袖袄（图1-15）宽袖、花缎、大襟、阔边大袄（图1-16）。

图1–15　绒地绣花对襟大袖袄

图1–16　宽袖花缎大襟阔边大袄

作者书中写袄的地方很多，无论男女，不管主仆都常穿着。上袄下裙是书中女性的居家典型服饰形象，男性袄裤，丫鬟常在袄外穿背心、坎肩，有时下着裤，做事比较方便。而袄更多是红袄，说明在当时的富贵人家是流行穿着红袄的。同是红袄又细分出大红、银红、桃红、海棠红、水红等不同颜色。除红色外，还有月白、玉色、葱绿、藕合、松花、蜜合、秋香色等，按质料分有毛皮、哆罗呢、绫、棉、锦、绵、绉、绸、缎等，按纹样分有撒花、绣花、靠色三镶、百子刻丝、缕金百蝶穿花等。

四、衫

书中有关衫的描述见表1–10。

表1–10　人物所着的衫

回数	服饰	人物	场合
第三十回	簇新藕合纱衫	宝玉	林黛玉虽然哭着，却一眼看见了，见他穿着簇新藕合纱衫
第三十六回	银红纱衫子	宝玉	隔着纱窗往里一看，只见宝玉穿着银红纱衫子

衫，是一种无袖单衣，也称半衣，是春秋季节上衣的一种。古代大多是妇人之服，但男子也穿。妇女用衫一般使用轻薄较软的原料制作，如绫、缣等丝织物，古代的衫以尊卑可分为两种，一种是“中单”，另一种是“布衫”。《中华古今注》中记载，古代朝廷用衫一般为“中单”。《礼记》中记载，在夏、商、周三个时期，均用“中单”，另外据历史传说，在汉高祖时，高祖亲临战场与项羽作

战，一仗指挥完毕返回营帐，发现流汗已将中单湿透，从此“中单”改名为“汗衫”。而“布衫”则是商、周时期百姓平民服用的粗布短衣。

衫以内外区分有两种，外用的衫叫“褙子”“半臂”。“褙子”是有里子的对襟夹外衣，用于挡风尘，“半臂”又称半袖，袖长齐肘，衣身很短，但也有无袖式样，从隋代开始流行，到宋代袖子延长，作为内用的衫，即贴身穿用的汗衫，有大襟和对襟两种形式。书中两处写到的衫均为男子穿着，用料均为纱，颜色一为藕合，另一为银红。

清代袍、衫初期尚长，顺治末减短才及于膝，其后又加长至踝上，并往往把本作御寒的衣料作为单衣，本应作暑热时的轻纱类的衣料反被作为夹袍绵褂之用，所以有“有里者无里，无里者有里”之说。袍衫在同治年间比较宽大，袖子有至一尺余大的，光绪初还如此，至甲午、庚子之后，则变成极短极紧的腰身和窄袖的式样。

五、背心、坎肩

书中有关背心、坎肩的描述见表1-11。

表1-11　人物所着的背心、坎肩

回数	服饰	人物	场合
第八十九回	银鼠坎肩	黛玉	但身上穿着月白绣花小毛皮袄，加上银鼠坎肩
第三回	青缎掐牙背心	一丫鬟	茶未吃了，只见一个穿红绫袄青缎掐牙背心的丫鬟走来
第四十六回	青缎掐牙背心	鸳鸯	只见他穿着半新的藕合色的绫袄，青缎掐牙背心，下面水绿裙子
第二十四回	青缎子背心	鸳鸯	回头见鸳鸯穿着水红绫子袄儿，青缎子背心，束着白绉绸汗巾儿
第五十七回	青缎夹背心	紫鹃	一面说，一面见他穿着弹墨绫袄，外面只穿着青缎夹背心
第一百零九回	水田青缎镶边长背心	妙玉	头戴妙常髻，身上穿一件月白素纱袄儿，外罩一件水田青缎镶边长背心，拴着秋香色的丝绦
第二十六回	青缎背心	袭人	穿着银红袄儿，青缎背心，白绫细折裙

背心在汉魏时期称两裆，宋代以后则称背心，清代除沿用背心之名外，又称坎肩，或称马甲。随着名称的演变，背心的款式也不断变化。

元代的背心虽然在裁制时采用了一些曲线，但就整个形制来说，也还比较朴素。到了清代，这种背心无论在造型上或装饰上，都有许多变化，从衣襟上看有大襟、对襟、曲襟及一字襟等，装饰纹样有的镶以花边，有的用丝带盘成纽扣。背心的长度通常都在腰际，但也有一种长及膝者，俗称比甲。清代妇女不分满汉，都喜欢比甲，汉族妇女加在袄裙之外，满族妇女则罩于旗袍之上。她们不但在平常家居时穿着，就是在行大礼时也可穿着。

坎肩，本不是满族的衣着，而是由古代汉族的“半臂”发展来的，南方叫背心，是一种便服。清朝入关后，成了满汉的通用之装了，清代的坎肩样式很多，北方的坎肩除了单层的外，还有夹层的，丝绵的和皮里的。妇女穿的坎肩（图1–17）装饰十分华丽，一般都是掐些彩牙儿，锒上花绦，绣些花朵等。

图1–17　清代长背心

书中所写背心几乎均为女子穿着，而且多是丫鬟穿着，因为无袖，干起活来两臂利落，又可以保暖。从书中描写可见，背心的用料几乎都是缎，颜色常用青黑色，另加以掐牙或镶边。

六、兜肚、抹胸

书中有关兜肚、抹胸的描述见表1-12。

表1-12 人物所着的兜肚、抹胸

回数	服饰	人物	场合
第三十六回	白绫红里兜肚	宝玉	说着，一面又瞧他手里的针线，原来是个白绫红里的兜肚，上面扎着鸳鸯戏莲的花样，红莲绿叶，五色鸳鸯
第六十五回	葱绿抹胸	尤三姐	这尤三姐松松挽着头发，大红袄子半掩半开，露着葱绿抹胸，一痕雪脯
第七十回	红绫抹胸	麝月	麝月是红绫抹胸，披着一身旧衣

书中有几处特写服饰制作的，如莺儿打络子，晴雯补裘，袭人和宝钗绣肚兜。第三十六回写宝玉正睡午觉，宝钗过来，看见袭人正在绣着白绫红里的兜肚，纹样是鸳鸯戏莲，从袭人的话语中得知是为宝玉绣的，男孩子戴兜肚本是不多见的，恐怕只是小的时候才戴，宝玉此时十几岁了，袭人说宝玉本来不肯戴，是怕他夜里着凉，做好了哄他戴上由不得他不戴，可见袭人的想法里，宝玉是比较好说服的孩童性，因而她屡次规劝宝玉好好读书，立志仕途。兜肚上绣的五色鸳鸯表现出袭人已将自己认作准姨娘，王夫人也是默许的，此时袭人说觉得做累了出去走走，留下宝钗和午睡中的宝玉，而后宝钗“只顾活计，便不留心”便坐下来替他代刺。这里宝钗只刚做了两三个花瓣，忽见宝玉在梦中喊骂说：“和尚道士的话如何信得？什么是金玉姻缘，我偏说是木石姻缘！”薛宝钗听了这话，不觉怔了。为何一向谨慎和提醒王夫人“若老爷再不管，不知将来做出什么事来呢”的袭人和每每劝诫别人的循规守节的宝钗都在此时不自知起来了呢？袭人无事走开，宝钗独自留下为宝玉绣鸳鸯兜肚，岂不是不成礼法？可见这种双标是有选择性的，是袭人在心里愿意接受金玉良缘的结果，认为宝钗宽厚加之他们对宝玉的期许一致，认为黛玉则是刻薄小性儿。

《清稗类钞·服饰》：“抹胸，胸间小衣也，一名抹腹，又名抹肚。以方尺之布为之，紧束前胸，以防风之内侵者，俗谓之兜肚，男女皆有之。”

近代抹胸又称肚兜，一般做成菱形，上有带，使用时套在颈间，其质料并不限于绳带，如富贵之家多用金链，中等之家则用铜银，小家碧玉则多用红色丝绳。肚兜的腰部另有两条带子，着时束在背后，而下面的一角，通常遮过肚脐，达于小腹（图1–18）。

书中称此种内衣为兜肚或抹胸，男子穿着叫兜肚，女子穿着叫抹胸。主要用料为绫，颜色多很鲜艳，有红、绿、红里白面等，上绣表意图案。

写尤三姐“大红袄子半掩半开，露着葱绿抹胸，一痕雪脯……”寥寥几笔写出了其年轻美艳之姿和热烈妩媚之态。

图1–18　清代刺绣肚兜

七、披风、斗篷

书中有关披风、斗篷的描述见表1–13。

表1–13　人物所着的披风、斗篷

回数	服饰	人物	场合
第二十回	青肷披风	宝玉	林黛玉听了，低头一语不发，半日说道：“……分明今儿冷得这样，你怎么反倒把个青肷披风脱了呢？”
第六回	石青刻丝灰鼠披风	凤姐	穿着桃红撒花袄，石青刻丝灰鼠披风，大红洋绉银鼠皮裙
第六十八回	青缎披风	凤姐	尤二姐一看，只见头上皆是素白银器，身上月白缎袄，青缎披风，白绫素裙
第四十九回	猩猩毡斗篷	宝玉	正说着，只见他屋里的小丫头子送了猩猩毡斗篷来
第七十六回	斗篷	贾母	一面戴上兜巾，披了斗篷
第四十九回	孔雀毛织斗篷	宝琴	只见宝琴来了，披着一领斗篷……香菱上来瞧道：“怪道这么好看原来是孔雀毛织的。”
第五十回	大斗篷	贾母	远远见贾母围了大斗篷，灰鼠暖兜
第一百二十回	大红猩猩毡斗篷	宝玉	抬头忽见船头上微微的雪影里面一个人，光着头，赤着脚，身上披着一领大红猩猩毡斗篷，向贾府倒身下拜
第五十二回	灰鼠斗篷	宝玉	一时又拿一件灰鼠斗篷替他披在背上

续表

回数	服饰	人物	场合
第四十九回	大红猩猩毡斗篷	探春	探春正从秋爽斋来，围着大红猩猩毡斗篷，戴着观音兜

书中出现了三种宽大的外罩之衣：披风、斗篷和鹤氅。最主要的区别在于斗篷无袖，而披风和鹤氅都是长袖，披风和鹤氅一年的多数时节都可穿着，室内室外都可以穿，而斗篷主要是冬季室外御寒时用，几处描写都是搭配观音兜、暖兜、兜巾这些帽子的。披风和鹤氅明代流行，早期是男子穿着，后来女性也穿，斗篷则是清代流行。

披风大多直领对襟，颈部系带，两个长袖，两腋下开衩，鹤氅形制见下文，“斗篷”（图1–19）即“一口钟”，又称“一裹圆”。长而无袖，左右不开衩的外衣。

披风或斗篷男女都穿。书中所提从颜色上看有青、石青、大红等色；从材料上看有毛皮、缎、猩猩毡、孔雀毛等；从图案纹样上看有刻丝纹样。图1–20为着斗篷的形象。

图1–19　缎地盘金龙斗篷

图1–20　穿斗篷的妇女

八、鹤氅、氅衣

书中有关鹤氅、氅衣的描述见表1-14。

表1-14 人物所着的鹤氅、氅衣

回数	服饰	人物	场合
第四十九回	大红羽纱面狐狸里鹤氅	黛玉	黛玉换上掐金挖云红香羊皮小靴，罩了一件大红羽纱面狐狸里鹤氅
第四十九回	莲青斗纹锦上添花洋线番丝鹤氅	宝钗	薛宝钗穿一件莲青斗纹锦上添花洋线番丝鹤氅
第五十二回	乌云豹氅衣	宝玉	（贾母）："把昨儿那一件乌云豹的氅衣给他吧。"

鹤氅，二字出于古籍，《晋书·谢万传》云："万着白纶巾，鹤氅裘。"《世说新语·企羡》：鹤氅又叫"神仙道士衣"，像斗篷、披风之类的御寒长外衣。"鹤氅"二字，晋已有之，又据徐灏《〈说文解字〉注笺》云："以鹙毛为衣，谓之鹤氅者，美其名耳。"可知鹤氅是一种以鸟毛为原料的毛织物，故名。明刘若愚《酌中志》卷十九"氅衣"条云："有如道袍袖者，近年陋制也。旧制原不缝袖，故名之曰氅也。彩、素不拘。"这就说得比较清楚。大概样子像道袍，而不缝袖，所以披在身上像一只鹤。这种服装在明代宫中有之，当然勋臣贵族之家亦效仿焉。说到原不缝袖，也就说明后来缝出两袖了。

所以最初鹤氅的样子，就是一块用仙鹤羽毛做的披肩。后来的鹤氅，为士大夫所接受后，表现为大袖，两侧开衩的直领罩衫，不缘边，中间以带子相系。明代的鹤氅和褙子应属一类差不多，只不过有缘边多些，领子相合一些，比之褙子，袖子应更加宽大。晚清女子和宋代男子氅衣氅衣如图1-21和图1-22所示。

图1-21 氅衣（晚清）

氅衣男女都穿。书中所提在

颜色上有大红、莲青等；用料上有丝、毛皮、丝面皮里等。

图1-22　男子氅衣（北宋赵佶《听琴图》局部）

九、袍

书中有关袍的描述见表1-15。

表1-15　人物所着的袍

回数	服饰	人物	场合
第十五回	江牙海水五爪坐龙白蟒袍	北静王	穿着江牙海水五爪坐龙白蟒袍，系着碧玉红鞓带
第一回	乌帽猩袍	贾雨村	俄而大轿抬着一个乌帽猩袍的官府过去

秦汉时期的男子服装以袍为贵，袍服一直被当作礼服。袍服的样式多为大袖，袖口收敛。据记载，袖口的紧窄部分名称叫“祛”，袖身的宽大部分名称叫“袂”，所谓“张袂成阴”，就是对这种宽大衣袖的形容。汉代不论男女均可穿袍，特别是

妇女，除了用作内衣外，平时也穿在外面，后来演变为一种外衣，形制上一般多在衣领、衣袖、衣襟和衣裾等部位缀上衣边。袍服由内衣演变成外衣正值曲裾深衣淘汰时期，由于袍服中纳有棉絮，不便采用曲裾，所以较多地采用直裾。早期的袍服，一般在领袖等处缀有花边，花边的色彩及纹样较衣服为素，常见的有菱纹、方格纹等；袍服的领子则以袒领为主，多裁成鸡心式，穿时露出里衣。

北静王“头上戴着洁白簪缨银翅王帽，穿着江牙海水五爪坐龙蟒袍，系着碧玉红鞓带”。按清制，袍服以蟒袍为贵，为官员、命妇所用。北静王所服“坐龙”是龙首为正面，头部左右对称，是龙纹中最尊贵的“正面龙”（图1–23）。清朝只有皇子和亲王才能在补服上用五爪金龙，皇子，龙褂为石青色，绣五爪正面金龙四团，前后两肩各一团，间以五彩云纹。亲王，绣五爪龙四团，前后为正龙，两肩为行龙。郡王补服图案则为身前身后两肩五爪行龙各一团。北静王穿五爪坐龙图案，原与身份不符，但如果是皇帝所赐就合理合法了。这与北静王送宝玉代表兄弟之情的鹡鸰香念珠时称为皇上所赐不谋而合，可知皇帝待北静王亲厚。

他的帽子和袍服是白色，而腰带是红色，一方面因为北静王此行是路祭秦可卿，按清朝礼仪，应该穿素；另一方面，黄色是皇帝、皇太子所专用，即使是亲王、郡王，不是御赐也只能用其他颜色。清朝有宗室（皇帝的本支）为黄带子，觉罗（皇帝的叔伯兄弟之支）为红带子的规定，所以北静王着素服红带。“江牙海水”“五爪坐龙”是纹式，白蟒袍在现实中是没有的，因为是素服，所以为白蟒袍。

图1–23　藏青织金花缎蟒袍（明）

贾雨村时任苏州知府，按制一至四品应服绯袍。“猩袍”“猩红色”即是“绯红色”，言其红如猩猩血。

综上，书中人物的上衣的类型由内而外有抹胸、衫、袄、褂、坎肩、披风、氅衣、袍、斗篷等。男子穿箭袖、衫或袄，外罩褂或鹤氅、袍、披风、斗篷；女子多穿袄，里面穿抹胸，袄可单独穿着，也可在袄外加外衣，下着裙，丫鬟等下人在袄外常加坎肩，而贵族女子在袄外加穿褂、披风、斗篷等，褂和斗篷常为贵重毛皮所制。用料上内衣多用纱、绫等轻薄的织物；外衣类可用绸、缎、绫、锦等轻薄织物，如袄类用料就各式各样，不拘一格，也可用貂皮等厚重的毛织物，氅、裘、斗篷、披风等多为王孙公子、小姐们穿着。

第三节　下裳

按《中国衣冠服饰大辞典》“裳”条云：亦作“常”，又称“下裳”。一种专用于遮蔽下体的服装，男女尊卑，均可穿着。

“裳”有两种含义，广义可泛指一切下体之衣；狭义则可解释为一种围裙状的服装，其制分为两片，一片蔽前，另一片蔽后。

又“下裳”条云：即“裳”，因着在下体，故名。意指其他下体之服，如裤、裙之类。明代女性穿裙者多，穿裤者少，由于清初“十从十不从”规定男从女不从，因而女子穿裙的习俗便沿袭下来。

一、裙装

书中对裙装有很多描写，见表1-16。

表1-16　人物所着的裙装

回数	服饰	人物	场合
第八十九回	杨妃色绣花绵裙	黛玉	身上穿着月白绣花小毛皮袄，加上银鼠坎肩，头上挽着随常云髻，簪上一枝赤金匾簪，别无花朵，腰下系着杨妃色绣花绵裙

续表

回数	服饰	人物	场合
第八回	葱黄绫棉裙	宝钗	蜜合色棉袄，玫瑰紫二色金银鼠比肩褂，葱黄绫棉裙
第三回	翡翠撒花洋绉裙	凤姐	身上穿着镂金百蝶穿花大红洋缎窄裉袄，外罩五彩刻丝石青银鼠褂，下罩翡翠撒花洋绉裙
第六回	大红洋绉银鼠皮裙	凤姐	穿着桃红撒花袄，石青刻丝灰鼠披风，大红洋绉银鼠皮裙
第九十回	宝蓝盘锦镶花绵裙	凤姐	一件松花色绫子一斗珠儿的小皮袄，一条宝蓝盘锦镶花绵裙
第一百零九回	淡墨画的白绫裙	妙玉	身上穿一件月白素绸袄儿，外罩一件水田青缎镶边长背心，拴着秋香色的丝绦，腰上系一条淡墨画的白绫裙
第四十六回	水绿裙子	鸳鸯	只见他穿着半新的藕合色的绫袄，青缎掐牙背心，下面水绿裙子
第二十六回	白绫细折裙	袭人	穿着银红袄儿，青缎背心，白绫细折裙
第五十一回	葱绿盘金彩绣绵裙	袭人	又看身上穿着桃红百子刻丝银鼠袄子，葱绿盘金彩绣绵裙
第七十一回	红裙子	司棋	趁月色见一个穿红裙子梳鬅头，高大丰壮身材的，是迎春房里的司棋
第六十八回	白绫素裙	凤姐	只见头上皆是素白银器，身上月白缎袄，青缎披风，白绫素裙
第三十九回	白绫裙子	抽柴火女子	原来是一个十七八岁的极标致的一个小姑娘，梳着溜油光的头，穿着大红袄儿，白绫裙子
第六十二回	石榴裙	香菱	宝玉方低头一瞧，便嗳呀了一声，说："怎么就拖在泥里了？可惜这石榴红绫最不经染。"

我国妇女穿裙子由来已久，据记载，早在公元前11世纪周文王姬昌时，就曾下令让女子服裙，后来，秦始皇元年也特意下令让宫人服五色花罗裙。自此裙装长期以来成为古代女子的主要下装，书中多处描绘了不同身份、性格的女子以及不同场合中绚丽的裙装。黛玉月白绣花小毛皮袄配香妃色（粉红色）绣花裙，衬托出青春少女的明艳俏丽；凤姐百蝶穿花大红洋缎窄裉袄配翡翠撒花洋绉裙，彰显出贾府当家少奶奶的奢华和风姿；妙玉淡墨画的白绫裙符合他出身富贵

之家且为道姑的身份和高洁雅致的气度；宝钗蜜合色（淡黄色）棉袄配葱黄绫棉裙柔和低调的配色正合她不喜艳丽不爱花朵的朴素之风；袭人穿着上不似描写其他丫鬟只简单交代裙子的颜色，一次袭人准备探家之前，穿着桃红百子刻丝银鼠袄子，葱绿盘金彩绣绵裙，外面穿着青缎灰鼠褂，这样色彩纹样艳丽质料考究的服饰，与她身为最受贾母宠爱的嫡孙宝玉的大丫头身份直接相关，贾府当家人凤姐则是特意打量了她的装扮，认为还是不满意，便把自己的一件大毛衣服给了她穿，可见贾府上下是认可她准姨娘的身份的，因此她回家的穿戴代表着贾府的门面。而凤姐少有的一次穿着白绫素裙是特殊场合的有意装扮，她故意着素装以低姿态使丈夫偷娶的尤二姐放松警惕走入她的圈套。

可谓“眉黛夺将萱草色，红裙妒杀石榴花”，石榴裙在唐代红极一时，后用以泛指美丽女子的裙子。书中一处专写石榴裙，第六十二回呆香菱情解石榴裙，香菱和小丫头们在一处玩耍斗草，大家拿香菱采到的“夫妻蕙”打趣她，因而嬉闹在一处，香菱不慎跌入池中，将一条宝琴赠予的崭新石榴红裙给弄上了泥水，此时大家一哄而散，正巧宝玉赶来说这石榴红绫最不禁染。说明石榴红裙很娇贵，因古代都是手工染布，很难染出来非常艳丽的石榴红，而且天然染料色牢度较差，因此宝玉才会如此说。此处可见香菱裙子里面是小衣和膝裤，小衣此处不是上衣而是裤子，宋王应麟补注：“布母縛，小衣也，犹犊鼻耳。”是一种形如犊鼻裈的内穿短裤，下面接的是膝裤（在后文裤子部分说明）。

为什么是呆香菱情解石榴裙，这里的“呆”大概是对应普遍意义着石榴裙者的妩媚来做对比的，香菱身世经历凄苦，原本出身贵族，不料幼年遭拐卖，后被薛蟠抢来做妾，然而香菱却依然保持了纯真浪漫的心性。宝钗带她进大观园，最让她欣喜的是能去学诗，她不是一般的一时兴起，而是废寝忘食孜孜不倦地学起来，黛玉则是自荐为师，教导有方，而后使这位零基础新秀诗人得以在诗社中崭露头角，不得不说是名师遇上了高徒。香菱能够在并不如意的生活中追求自己的志趣并乐在其中，宝玉则一向为没有机会对香菱这样的“极聪明极清俊的上等女孩儿”们“尽心”而“深为恨怨”。于是宝玉将自己采来的一枝并蒂菱同香菱的夫妻蕙一同铺在落花上细心用土掩埋了，此举正是安抚了香菱刚刚因无人知晓有夫妻蕙而不被理解的心情，使她心情骤然变好。随后宝玉能够以“共情之心”想象香菱裙子被污染后的忧虑，替她想出找袭人借裙子的办法，宝玉同袭人回来，于是香菱命宝玉背过身去，换下裙子，二人走了数步香菱转头叫住宝玉，脸一红，叮嘱宝玉不要将此事告知薛蟠，毕竟从关系上香菱是宝玉姨家的嫂子。因此，作者笔下这个“情”字同“喜出望外平儿理妆”一样自是纯洁之友情。

清代女子几款传世女裙见图1-24~图1-26。

图1-24　清代红色缎绣龙凤纹马面裙

图1-25　清代庭院小景蝴蝶纹刺绣马面裙

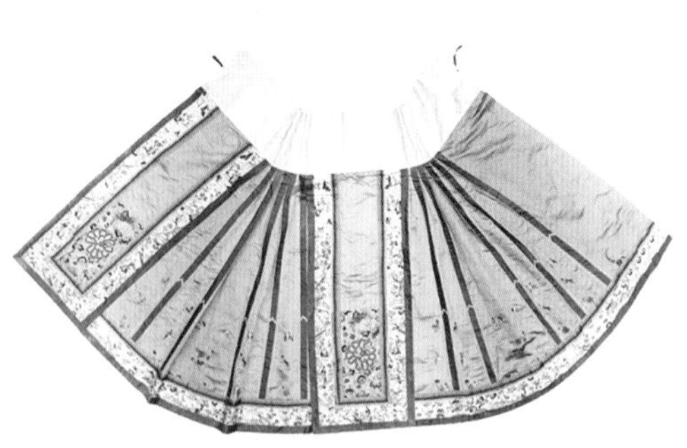

图1-26　清代花卉阑干裙

二、裤装

书中对裤装描写有几处见表1-17。

表1-17 人物所着的裤装

回数	服饰	人物	场合
第三回	松花撒花绫裤	宝玉	仍旧带着项圈、宝玉、寄名锁、护身符等物，下面半露松花撒花绫裤，锦边弹墨袜，厚底大红鞋
第四十五回	油绿绸撒花裤子	宝玉	膝下露出油绿绸撒花裤子，底下是掐金满绣的绵纱袜子
第六十三回	绿绫弹墨夹裤	宝玉	宝玉只穿着大红棉纱小袄子，下面绿绫弹墨夹裤，散着裤脚
第七十八回	血点般大红裤子	宝玉	只穿着一件松花绫子夹袄，袄内露出来血点般大红裤子
第九十一回	石榴红撒花夹裤	宝蟾	穿件片锦边琵琶襟小紧身，上面系一条松花绿半新的汗巾，下面并未穿裙，正露着石榴红撒花夹裤，一双新绣红鞋
第五十八回	丝绸撒花夹裤	芳官	那芳官只穿着海棠红的小棉袄，底丝绸撒花夹裤下，敞着裤脚
第六十三回	水红撒花夹裤	芳官	只穿着一件玉色红青酡三色缎子斗的水田小夹袄，束着一条柳绿汗巾，底下水红撒花夹裤，也散着裤腿
第七十回	红裤	芳官	雄奴却仰在炕上，穿着撒花紧身儿，红裤绿袜

在春秋时期，人们下体已着有裤，但是那时的裤只有两只裤管，名叫“胫衣”，形制与后世的套裤相似。最初的裤子只能遮护胫部，而膝盖之上则完全赤露。一直到战国以后，人们的裤子才得到改善。颜师古注：“服虔曰：穷绔，有前后裆，不得交通也。绔，古袴字也。穷绔即绲裆袴也。”穷绔与胫衣相比，有明显进步：胫衣只施于胫，至于膝盖以上，则一无所有，而穷绔则有所不同，它不仅上达于股，而且将袴身接长，上连于腰，并在两股之间连缀一裆，裆不缝合，用带系缚。

除了开裆裤子外，古代也有合裆之裤，“合裆”又叫“满裆”，最早为西域居民所穿，以便骑射，战国以后，汉族人民也广为采用，名称为“裈”，它是由胫衣发展而来的，两股之间以裆相连。一般用作衬裤，另在外面覆以裳裙。受传统习惯的影响上流社会的人们不喜欢这种装束，只有军人及农夫仆役穿着，以图活动便捷。裤又可分为两种：一种下长过膝，直称作“裤”；另一种形制短小，俗称“犊鼻裈”。

另外，第六十二回呆香菱情解石榴裙一段，写道宝玉让香菱站着方好，不然连小衣儿，膝裤……都要拖脏。其中的膝裤并非指裤子，而是如同“护腿”“绑腿”，又叫“膝袜”，绑在膝盖到腿腕、脚面之间。《清稗类钞·服饰》：“膝裤，古时男子所用……以后则妇女用之，在胫足之间，覆于鞋面。”

《阅世编》“膝袜”条云：“膝袜，旧施于膝下，下垂没履。长幅与男袜等，或彩镶，或绣画，或纯素，甚而或装金珠翡翠，饰虽不一，但体制则同也。崇祯一年以后，制尚短小，仅施于胫上，而下及履。冬月，膝下或别以绵服裹之，或长其裤以及之。考其改制之始，原为下施可揜足，丰趺者可藏拙也。今概用之纤履弓鞋之出何哉？绣画洒线与昔同，而轻浅雅淡，今为过之。”膝裤覆至鞋面上，可以掩盖住大脚，后又与弓鞋小脚形成对比，更显脚小，可见服饰形制自古以来便遵循审美和搭配之道。

今通称有裆者为裤，男女都可穿着（图1–27）。书中裤的颜色有红、水红、石榴红、大红、绿、油绿、松花等；质料有绫裤、绸裤等，纹样有撒花、弹墨、洒花等。清代女子着裤装如图1–28所示。

图1–27　清代妇女长裤

图1–28　清代妇女裤子

第四节　足服

一、鞋

《红楼梦》中人物的鞋饰因人而异，各具特色。例如，林黛玉穿的掐金挖云红香羊皮小靴，贾宝玉穿的青缎粉底小朝靴、棠木屐、蝴蝶落花鞋，史湘云穿的麀皮小靴，芳官穿的虎头贯云五彩小战靴，鸳鸯穿的红绣鞋以及僧尼穿的芒鞋、撒鞋等。作者对不同人物的足服描写，既体现了足服款式的千变万化，色彩的多彩多姿，也表现出清代鞋饰与当时的传统风俗以及社会风气息息相关。

《红楼梦》中涉及的足服种类有十余种，其中包括鞋、靴子、袜子。

书中写到鞋见表1–18。

表1–18　人物所着的鞋饰

回数	服饰	人物	场合
第三回	厚底大红鞋	宝玉	下面半露松花撒花绫裤腿，锦边弹墨袜，厚底大红鞋
第四十五回	蝴蝶落花鞋	宝玉	膝下露出油绿绸撒花裤子，底下是掐金满绣的绵纱袜子，靸着蝴蝶落花鞋
第九十一回	红绣花鞋	宝蟾	下面并未穿裙，正露着石榴红撒花夹裤，一双新红绣花鞋
第六十五回	红鞋	尤三姐	露着葱绿抹胸，一痕雪脯，底下绿裤红鞋
第二十五回	破衲芒鞋	跛足道人	破衲芒鞋无住迹，腌臜更有满头疮
第九十三回	撒鞋	甄府来	身上穿着一164青布衣裳，脚下穿着一双撒鞋
第七十回	红睡鞋	晴雯	那晴雯只穿葱绿院绸小袄，红小衣，红睡鞋
第四十五回	棠木屐	宝玉	宝玉笑道："我这一套是全的，有一双棠木屐，才穿了来，脱在廊檐上了。"
第四十九回	沙棠屐	宝玉	束了腰，披了玉针蓑，戴上金藤笠，登上沙棠屐

古代鞋履种类繁多，常见的有屦、履、舄、屐等。大致分为三种：一为布

帛，二为草葛，三为皮革。凡以麻、丝、绫、绸、缎等织物制成的鞋履，均属布帛履类，其中以麻履、丝履及锦鞋为多。履、屦、鞋三字，本各有所指，后来才成为一切鞋履的通称。

古代鞋履的具体样式也千变万化，多姿多彩，这些变化集中反映在鞋头部分，常见的有圆头、方头、岐头、高头、小头、笏头、云头等。

鞋有薄底、厚底，厚底者有寸许，大抵以缎、绒、布为之，鞋面浅而窄，亦有作鹰嘴式尖头鞋者，鞋帮亦有刺花或鞋头作如意头挖云式者，面作单梁或双梁。妇女穿有拖鞋、木屐、睡鞋。粤中妇女家居或出门常穿绣花高底拖鞋，也喜着木屐，沪地更有画屐、睡鞋。

宝玉第二次以轻装出场，换上厚底大红鞋，用蓝、黑绒堆绣云贴花，鞋头装上能活动的绒剪蝴蝶作饰物的双梁布鞋。

跛脚道人穿的“芒鞋”“芒”，状如茅草而比其大，长四五尺，可用作原料和纺织草鞋。草鞋为劳动者所着。

“撒鞋”即洒鞋，是一种双梁的包皮边的布鞋，古时多为习武、行路之人穿着。

“沙棠屐”和“棠木屐”相同，是一种木鞋。汉·史游《急就篇》颜师古注：“屐者以木为之而施两齿，可以践泥。”棠即棠梨，落叶乔木，木质坚韧。《山海经·西山经》：“昆仑之丘，有木焉。其状如棠，黄华亦实，其味如李而无核，名曰沙棠，可以御水，食之使人不溺。”可见，此屐可用于雨雪天气。南北朝期间，还出现过一种连齿木屐。

再有晴雯穿的红睡鞋，汉族妇女多缠足，穿红睡鞋。《清稗类钞·服饰类》：“红睡鞋是缠足妇女所着以就寝者。盖非此，则行缠必弛，且借以使恶臭不外泄也。”睡鞋一般以红色绸缎做鞋面，软底，鞋帮与鞋底多绣以彩色花纹，考究地饰以珠花，并涂以香料。汉族妇女缠足是对女性身体和精神的摧残，是封建礼教歧视妇女的产物。而满族妇女因从小学习骑射从不裹脚，天足，她们多习惯穿一种高跟木底鞋，尤其满洲贵族妇女更加普遍。其木底高跟一般高5~10厘米，可以称为现代高跟鞋的前身了，当时有的可达14~16厘米，最高的可达25厘米左右。旗鞋的木跟镶装在鞋底中间，三寸多高，整个木跟常用白细布包裹，也有外裱白绫或涂白粉，俗称“粉底”。旗鞋的面料用绸缎来做，上面绣上五彩的图案。跟底的形状通常有两种，一种是上敞下敛，呈倒梯形花盆状。另一种是上细下宽、前平后圆，其外形及落地印痕皆似马蹄。因此有“花盆底”和“马蹄底”的名称，又统称“高底鞋”。除鞋帮上装饰蝉蝶等刺绣纹样或装饰片之外，木跟不着地的部分也常用刺绣或串珠来装饰。有的鞋尖处还饰有丝线编成的穗子，长可及地。这种鞋的高跟木底特别的坚固，常常是鞋面破了，而鞋底仍然完好无损。高底旗鞋多为十三四岁以上的贵族中青年女子穿着。一说为掩其天足，另一说为增高体形，实际上体现出一族之风。老年妇女的旗鞋，多以平木为底，称“平底鞋”，其前端着地处稍削，以便行走。

具有进步思想的曹雪芹在书中未明确写小脚就是对这种不良社会现象的不满，但作为现实主义小说家又要正视现实，所以他只隐讳地提到了红睡鞋。在中国史学界一般公认，“三寸金莲”始于五代南唐（公元937~975年）。当时五代李后主喜爱音乐和美色，他令窝娘用帛缠足，使脚纤小弯曲如新月状及弓形，并在六尺高的金制莲花台上跳舞，飘然如仙子凌波，故称“三寸金莲”。以后从宫内到民间皆仿行，并以纤足为美、为贵、为娇。此俗一直延续到清和民国，仍行不衰。五四运动大力提倡放足，后基本绝迹。

二、靴

书中有关靴的描述见表1-19。

表1-19 人物所着的靴

回数	服饰	人物	场合
第三回	青缎粉底小朝靴	宝玉	外罩石青起花八团倭缎排穗褂，登着青缎粉底小朝靴
第四十九回	掐金挖云红香羊皮小靴	黛玉	黛玉换上掐金，罩了一件大红羽纱面白狐狸里的鹤氅
第六十三回	虎头盘云五彩小战靴	芳官	宝玉说：“冬天作大貂鼠卧兔儿戴。脚上穿虎头盘云五彩小战靴；或散着裤腿；只用净袜厚底镶鞋。”
第四十九回	麂皮小靴	史湘云	腰里紧紧束着一条蝴蝶结子长穗五色宫绦，脚下也穿着麂皮小靴

靴，履之有胫衣者曰靴，取便于事，原以施于戎服者也。靴之材，春夏秋皆以缎为之，冬则以建绒，有三年之丧者则以布。

靴的出现，是我国鞋史的一个伟大里程碑。它变舄履而改着靴，从根本上改变了中国的军事生活、政治生活乃至社会生活。战国时，赵武灵王首先引进北族和西域少数民族所着的胡服，用以装备军队。由于采用了胡人短衣、着裤、马靴的服制，逐渐放弃车战，改用骑兵战术，终于使赵国成为“战国七雄”之一。从此，皮靴便成为中原一带的民族鞋饰的一部分，并一直沿用到今天。

靴子本来是北方少数民族的一种鞋式，中原居民一般不着此。到了南北朝时期，穿这种鞋子的汉人才逐渐多见，且用于妇女。

第三回宝玉首次亮相时穿的青缎粉底小朝靴，是一种黑色缎子面，白色靴底的方头长筒靴子。清代徐珂在《清稗类钞·服饰》中写道：“风靴之头皆尖，惟着以入朝者则方，或曰沿明制也。”又说：“靴之材，春夏秋皆以缎为之，冬则以建绒，有三年之丧者则以布。”宝玉所穿“青缎粉底小朝靴”，一般配合礼服穿，用于正式场合。后又换上厚底大红鞋，说明此鞋为家常穿用的。

史湘云穿麀皮小靴，“麀”，母鹿。麀皮去毛经芒硝制过，做成袄裤，穿起来又轻便又挡风，制成袜子、靴子就更好。芳官穿的小战靴是古代武士所穿的鞋，以皮革制成。亦指舞台上戏曲人物所着的靴，以缎制成，因多用武戏，故名。虎头，即靴头纹饰作虎头形；盘云五彩，即靴筒纹饰用五彩丝线盘成云头形。林黛玉穿的掐金挖云红香羊皮小靴是清代妇女常穿的一种靴鞋，以偏红的香色羊皮制成，并用金钱掐出边缘，再在靴面上挖出云头长筒小靴。

《京师偶记》：“行必靴，一以避尘，一以壮观，非若江南之可以履也。”这是北方地区在清代的特殊风气。《红楼梦》第十五回中记述：“宝玉命人去抹额，脱了袍服，拉了靴子，便一头滚在王夫人怀里”；第五十三回“贾珍吃过饭，盥漱毕，换了靴帽，命贾蓉捧着银子跟了来，回过贾母王夫人”。清代文武官以及士庶均着靴，满族男子穿靴，一般旗人着尖头靴，官员则着方头靴。有绒靴、革靴，靴头均绣云头纹或虎头纹，底薄的快靴，满语称“卡萨”靴，俗称“爬山虎”，武弁如差官者着之。靴之底均厚，以嫌其底重，乃用通草做底，也叫篆底，后乃改为薄底叫军机跑，也取其便于行走之故。

三、袜

书中有关袜的描述见表1–20。

表1-20　人物所着的袜

回数	服饰	人物	场合
第三回	锦边弹墨袜	宝玉	下面半露松花撒花绫裤腿，锦边弹墨袜，厚底大红鞋
第四十五回	掐金满绣绵纱袜子	宝玉	膝下露出油绿绸撒花裤子，底下是掐金满绣绵纱袜子
第七十回	绿袜	芳官	穿着撒花紧身儿，红裤绿袜

“袜子”一词最早见于《中华古今注》，曰：“三代及周着角韈，以带系于踝。”“三代”是指我国最早有记载的夏、商、周时期，距今已有三四千年的历史。“角韈”应该是用兽皮制作的原始袜子，所以写作“韈”。后来，随着纺织品的出现，袜子又由兽皮发展到用布、麻、丝绸制作，“韈”也相应地改为“袜”，最后步步简化为今天我们所说的“袜”。“袜”字的嬗变过程，其实蕴含了中华文明历史的发展进程。

早期由皮革制成的袜，可以直接用来行走，而不用再着鞋。如麂皮去毛经芒硝处理后，就可以制成袜子，穿起来既轻便又挡风。1879年，欧洲国家将针织品输入中国，洋袜、手套以及其他针织品通过上海、天津、广州等口岸传入内地。受其影响，商人们在沿海主要进口商埠相继办起了针织企业，袜子从此以后也多是针织产品。后来袜子的材料用布来代替，于是分出鞋和袜。

史书中记载的袜子有罗袜、布袜、绢袜、绫袜、锦袜、绒袜、毡袜、芝袜等。中国古代的袜子相当讲究。先秦时期流行角袜，汉代时流行丝质袜，也称为罗袜。唐代时兴锦袜，还有一种鸦头袜，相传是大拇脚趾与其他四趾分开。我国古代有许多文章和诗句，都提到袜子，如曹植的“凌波微步，罗袜生尘”；李白《越女词》中的“屐上足如霜，不着鸦头袜”；杜甫的“罗袜红蕖艳”等。唐宋时期还流行千重袜，这是一种分层的袜子。到了金时，出现了僧人专着的袜子。软绢袜则流行于明清，另有一种清水布袜，是以洁白的棉布所制。锦边弹墨袜流行于清代。

清代民间的袜子一般也用棉布制成，贵族则用绸缎制袜。故宫博物院所藏皇帝的袜子多以金缎为边，通绣纹彩。《红楼梦》第三回中宝玉“下面半露松花撒花绫裤腿，锦边弹墨袜”，第四十五回宝玉“膝下露出油绿绸撒花裤子，底下是掐金满绣绵纱袜子”，第七十回中芳官“穿着撒花紧身儿，红裤绿袜”。宝玉所着的锦袜为当时高档的袜料，和芳官的“绿袜”形成了鲜明的对比，由此便可以一眼看出《红楼梦》中人物不同的身份地位。

四、《红楼梦》人物的足服特征

（一）《红楼梦》人物的足服与人物性格特征

鞋饰，是人类服饰民俗中的重要组成部分。在《红楼梦》中，每个人物所穿的鞋饰，因人而异，但都具有一定的特色。曹雪芹通过对这些生活中鞋饰的真实描写，在塑造和表现不同人物的性格上，有着一定的作用。第三回中写宝玉的第一次亮相时，就在全身装束中将他穿的青缎粉底小朝靴一笔带出来了：“丫鬟话未报完，已进来一位年轻的公子，头上戴着束发嵌宝紫金冠，齐眉勒着二龙抢珠金抹额，穿一件二色金百蝶穿花大红箭袖，束着五彩丝攒花结长穗宫绦，外罩石青起花八团倭缎排穗褂，登着青缎粉底小朝靴。”这里宝玉所说的青缎粉底小朝靴，是一种黑色缎子面，白色靴底的方头长筒靴子。对宝玉第一次亮相时的全套服饰作这样的浓墨交代，并配以一双青缎粉底的小朝靴的描写，完成了对宝玉的外部造型整体描写，将一个贵族少年的形象活生生地展现出来了。曹雪芹在写宝玉的第二次出场时，以轻装出场，那双鞋也换成了大红鞋。“宝玉向贾母请了安，贾母便命：‘去见你娘来。’宝玉即转身去了。一时回来，再看，已换了冠带……下面半露松花散花绫裤腿，锦边弹墨袜，厚底大红鞋。”就这样，那双青缎粉底小朝靴变为这双锦边弹墨袜配上厚底大红鞋，从色彩上显得十分调和、悦目，再加上那全身华丽潇洒的便服，使这位公子哥儿的风度越发显得翩翩动人，把宝玉的娇生惯养以及桀骜不驯的性格活脱脱地展现出来。难怪黛玉看了觉得他“一段风骚，全在眉梢；万种情思，悉堆眼角”。

《红楼梦》中有两个僧道人物，一个是癞头和尚，另一个是跛脚道人，曹雪芹对他们服饰及鞋饰的描写，极其鲜明地表现了人物的性格特征。如第一回写跛脚道人的形象和穿着，只用了“疯癫落脱，麻屣鹑衣”八个字。这里所说的麻屣，即麻鞋。又如在第九十三回中，写了一个带信人：“过不几时，忽见有一个人头上戴着毡帽，身上穿着一身青布衣裳，脚下穿着一双撒鞋，走到门上向众人作了揖。”这里提到的撒鞋是一种双梁的包皮边的布鞋，因其轻便、坚牢，古时多为习武、行路之人穿着。跛脚道人和带信人所穿着的鞋和贾宝玉的足服截然不同，形成了鲜明的对比，通过这些不同鞋饰的描写，突出了人物的特征。

（二）《红楼梦》人物的足服与清代满族风俗

满族服饰承袭其先民女真人的传统，具有浓郁的民族特色和独特的服饰风格，它反映了北方骑射民族的生活特点和审美情趣。清代是以满族为主要统治阶级的朝代，因此，满族风俗对清代服饰产生了很大的影响，《红楼梦》中的足服受清代满族风俗的影响很大。清代男子普遍穿靴子，这种风俗是满族骑射民族生活的一种反映。满族入关以后，由于气候暖和，经济状况好转，人们便不再穿笨拙的皮兀勒，而用布料制靴了。按清朝规定，只有入朝的官员才允许穿方头靴。所以民间男子一律穿尖头靴，贫富之间用料相同，仅样式不同。

靴子本来是北方少数民族的一种鞋式，中原居民一般不穿靴子。到了南北朝时期，穿这种鞋子的汉人才逐渐多见，且用于妇女。《红楼梦》中的人物无论男女都将靴子作为主要的足服，这是受清代满族风俗的影响。在18世纪随“入燕使节团”到中国考察时说：看一个妇女是满族人还是汉族人，只要看她着靴子还是穿弓鞋。满族人必穿靴子，而穿弓鞋者必不是满族人。由此，可见满汉妇女足服区别之鲜明。

在《红楼梦》第四十九回中，集中写了三个主要人物的不同鞋饰。在一个下雪的天气，大观园中的雅女们，集中在稻香村作诗为乐。黛玉头上罩着雪帽，外罩一件红羽纱面白狐狸的鹤氅，腰束一条青金闪绿双环四合如意绦，脚上穿一双掐金挖云红香羊皮做成的长筒靴，显得十分艳丽，增加了林黛玉的几分妩媚。宝玉穿的是沙棠屐：“一夜大雪，下将有一尺厚……宝玉此时欢喜非常，忙唤起人来，盥漱已毕，只穿一件茄色哆罗呢狐皮袄子，罩一件海龙皮小小鹰膀褂，束了腰，披了玉针蓑，戴上金藤笠，登上沙棠屐，忙忙地往芦雪庵来。”宝玉这身从头到脚的打扮，加上他穿的沙棠木制作的木鞋，衬托了他那好玩和调皮的性格，怪不得黛玉和众丫鬟都说他像个“渔翁”。黛玉、宝玉这般打扮，正是满族古时典型服饰。

《红楼梦》中的女子也多穿靴子，如第四十九回中的描写：“黛玉换上掐金挖云红香羊皮小靴，史湘云腰里紧紧束着一条蝴蝶结子长穗五色宫绦，脚下也穿着麀皮小靴。”又如第六十三回中对芳官着装的描写：“冬天作大貂鼠卧兔儿戴，脚上穿虎头盘云五彩小战靴。”

《红楼梦》描写的是清代，从《红楼梦》中足服的描写就可以看出，清代服饰受满族风俗影响颇深。满族统治近三百年，民族间服饰习俗的交融也日渐加深，从而对我国足服的发展变化产生了重大影响。

（三）《红楼梦》人物的足服与清代缠足习俗

提起《红楼梦》人物的足服，一定要提及《红楼梦》人物的“足”。实际上，二百多年来的“红学”研究中一个有趣的话题，那就是《红楼梦》中女子的脚究竟是大脚还是小脚？这一问题看似琐细，但细思则涉及《红楼梦》写作的时代问题、背景问题、地点问题、风俗问题、作者的思想问题等一系列的大问题。据著名红学家陈毓罴先生考证，《读红楼梦随笔》的作者即《红楼梦抉隐》的作者洪锡绶（字或号秋蕃），《读红楼梦随笔》成书“必在光绪十二年（1886年）九月之后”。即早在一百多年前，洪秋蕃就注意到了《红楼梦》中所写女性的脚之大小问题了。

现在，人们认识趋同，《红楼梦》中女性的脚有大有小，反映的风俗有南有北，有汉有满。《红楼梦》第七十回有晴雯早晨穿着红睡鞋的记载，这一方面说明满族入主中原后仍要汉族妇女缠足，同时说明曹雪芹认识到缠足是封建礼教歧视女性的产物，因此写晴雯小脚时采取了隐讳的笔法，只是写她穿着睡鞋。这一细节的描写，显示出了作者的思想内涵。《红楼梦》中所提到的晴雯穿的红睡鞋，清代的汉族妇女多缠足，因此穿红睡鞋。汉族妇女缠足是对女性身体和精神的摧残，是当时的封建礼教歧视妇女的产物，而满族妇女因从小学习骑射从不裹脚，她们多习惯穿一种高跟木底鞋，尤其满族的贵族妇女更加普遍。

《红楼梦》中对三寸金莲最直接的刻画是第六十五回中尤三姐戏弄贾珍、贾琏二人时，有“底下绿裤红鞋，一对金莲或翘或并”的描写。宝玉祭晴雯的《芙蓉诔》中也写道：“捉迷屏后；莲瓣无声。”莲瓣即是三寸金莲，晴雯的莲瓣在捉迷藏时竟声息全无，足见三寸金莲的小巧轻柔。除了对尤三姐和晴雯的金莲有较多笔墨描绘外，在《红楼梦》中，曹雪芹把天足的傻大姐写成“体肥面阔”，只说服侍贾母干粗活的“傻大姐”是大脚，但这样的长有两只大脚的女子只能为贾母提水桶扫院子、干一些粗活。清政府虽然在前期严令禁止缠足，但是后来渐渐松懈，而且服饰也被汉化，沈从文认为，大观园的布局虽然是北方的模式，但服饰方面则是江南样式了。因此，可以推测，《红楼梦》中女子的脚，大约和江南女子一样，绝大部分应该是缠足的小脚。从《红楼梦》中对三寸金莲的描写就足以看出缠足对清代足服产生的影响。

清代，尤其是康熙、雍正、乾隆时期的社会现实即是“大脚小脚并存”，《红楼梦》则是客观而艺术地反映了这一现实。具有进步思想的曹雪芹在书中未明确写小脚就是对这种不良社会现象的不满，但作为现实主义小说家又要正视现实，所以他只隐讳地提到了红睡鞋。《红楼梦》中女性的脚有大有小，反映的风俗有南有北，有汉有满，并说明曹雪芹的确是一位清醒的现实主义作家，《红楼梦》的确是封建时代的一部百科全书。

第五节　其他配饰

人体的配饰，早在制陶与农耕时代就已出现，是早期人类审美意识的表现。先民们不分尊卑，均有配饰之好，或代表神灵之庇，或象征神勇果敢，或反映智慧灵巧，并有计岁等功能。这不仅仅是人们的审美情趣，同时也积淀着某种宗教观念、思想意识和文化习俗，而清代也承袭了满族的配饰传统。

一、《红楼梦》中人物的其他配饰

《红楼梦》中提到的配饰有的是单纯为了装饰，使着装更加艳丽、奢华，体现人物高贵的地位和脱俗的气质，而有些则具有很强的象征意义。

《红楼梦》中非常重视饰物的运用，书中写到的饰品不胜枚举，有“宫绦”“璎珞圈”“珮”“坠角”“荷包”“念珠”“金魁星”“靴掖”“朝珠”“香袋儿”“扇囊”“戒指”“耳坠子”“麒麟”“鲛帕”“汗巾”“一炷香”“朝天凳”“象眼块”“方胜”“连环”“梅花”“柳叶”“手巾”“如意绦”“虾须镯”“联垂”“珊瑚”“猫儿眼”“祖母绿”“碧玉佩”“玉塞子”“汉玉九龙佩”“脂玉圈带”“尾念珠”……真是如古人所云：“一首之饰，盈千金之价；婢妾之服，兼四海之珍。”

从服饰的范围来看这些饰物有腕饰、项饰、耳饰等，分别归纳如下。

（一）腕饰

书中关于腕饰的描述见表1–21。

表1–21　人物的腕饰

回数	服饰	人物	场合
第十五回	鹡鸰香念珠	水溶	水溶将腕上一串念珠卸了下来，递与宝玉道：“今日初会，仓促竟无敬贺之物，此即前日圣上单赐鹡鸰香念珠一串，权为贺敬之礼。”
第五十二回	虾须镯	平儿	平儿道：“究竟这镯子能多重，原是二奶奶的，说这叫做虾须镯。”
第二十八回	红麝串子	宝钗	宝玉笑问道：“宝姐姐，我瞧瞧你的红麝串子？”
第二十八回	红麝香珠	—	还有端午儿的节礼也赏了……只见……红麝香珠二串
第七十八回	香珠	—	王夫人一看时，只见……香珠三串……
第七十一回	腕香珠	—	腕香珠五串（南安太妃送宝钗等五人礼物）

《红楼梦》第七十八回：“王夫人一看时，只见扇子三把……香珠三串……”另外，元妃赐贾母沉香拐福寿香伽南珠，又元妃赐宝钗宝玉红麝香珠串，南安太妃送宝钗腕香珠，北静王将圣上亲赐鹡鸰香珠串转赠宝玉，可见香珠为重要的宫廷礼品。

《清稗类钞·服饰》：“香珠，一名香串，以茄南香琢为圆粒，大率每串十八粒，故又称十八子。贯以采丝，间以珍宝，下有丝穗，夏日佩之以辟秽。”唐代温庭筠《夜宴谣》：“亭亭蜡泪香珠残，暗露晓风罗幕寒。”宋代范成大《桂海虞衡志·志香》：“（香珠）出交趾，以香泥捏成小巴豆状，琉璃珠间之，彩丝贯之，作道人数珠。入省地卖，南中妇人好带之。”香珠，是用不同香味精油等品配制而成的，有柠檬、草莓、薰衣草、苹果、玫瑰、茉莉、海灵草、檀香、蜜瓜、西柚、雪莲、绿茶、樱桃、松木、玉桂、水蜜桃、迷迭香等。书中所述原料还有麝香等。鹡鸰香念珠，此物既然是皇帝御赐北静王，必然珍奇惊艳，为世间罕见。推测似乎可以理解为檀香木、沉香木一类珍贵香木，而“鹡鸰香”则可理解为珍禽猛兽之牙角骨盔，如文玩中的“鹤顶红念珠”便取自一种鸟类的头骨，又或是上面有鹡鸰图案或手串上有鹡鸰形的饰品。《诗经》中有“脊令在原，兄弟急难。”“脊令”通“鹡鸰”，意思是说：鹡鸰在原野中有了险难，兄弟急忙赶来救难。我们可以以此猜测皇上赠北静王此物表达了皇上视北静王兄弟般的深厚情谊，北静王将此转赠宝玉，也表明北静王视宝玉如兄弟的亲厚关系，在贾家遭遇的灾难中，北静王也是伸出援手的。宝玉一向厌恶“仕途经济”，不喜接近贾雨村和贾政的门客，但对北静王却是“每思相会”，是与他“每不以官俗国体所缚”的独立个性有关的。

而“虾须镯”是用细如虾须的金丝编成的镯子。另有第五十一回写“凤姐儿看袭人头上戴着几枝金钗珠钏，倒华丽。”各种校注本和《红楼梦》有关辞典对此均无注释，其实钗与钏是两种不同的饰物。钗是头饰，钏是腕饰、臂饰。史籍有关钗记载较多，钗的原料有金、银、铜、玉、翡翠等，式样有长钗、短钗、花钗、素钗，装饰方法也很多，钗头上雕有凤凰、蝴蝶等样式。而钏是由镯演变而来的首饰，出现之初曾与环通用一时，但形制和原料有所不同，环可用金属、玉石、琉璃等，环状，大小不能调节，而钏是用金属制作，中间分开，连接处用金银编成套环，可以调节松紧度。环男女均可戴，钏则主要是女性戴的。袭人戴的钏上缀以多粒珍珠，用链条相连，所以显出华丽。将珠钏戴在头上史籍中还没有记载。另一处写宝玉为麝月篦头，麝月卸下钗钏，据此推测钏戴在头上时为形状借用，大概为环状小型的头饰，珠钏为穿有珠子的环状头饰。

（二）耳饰

女子穿耳，戴以耳环，自古有之，乃贱者之事。满族妇女很注重耳饰，传统的旧众是一耳戴三钳，而汉族妇女是一耳一坠（表1–22）。

表1-22　人物的耳饰

回数	服饰	人物	场合
第六十五回	耳坠子	尤三姐	尤三姐松松挽着头发……两个坠子似打秋千一般
第三十四回	耳坠子	金钏	宝玉轻轻地走到跟前，把他耳上戴的坠子一摘
第六十三回	硬红镶金大坠子 玉塞子	芳官	（芳官）右耳眼内只塞着米粒大小的一个小玉塞子，左耳上单戴着一个白果大小的硬红镶金大坠子

柴桑《京师偶记》："珥，耳饰也，俗名耳塞，南人曰耳环，北人曰耳坠。"芳官所带左右耳各异，一边是坠子，另一边是塞子。玉塞子是镶玉的环。李渔《闲情偶寄》卷七："饰耳之环，愈小愈佳，或珠一粒，或金银一点，此家常佩戴之物，俗名丁香，肖其形也。"

我们注意到，作者对于耳饰的运用多见于丫鬟、戏子和地位低微的尤三姐，这说明此种服饰不是属于高贵稀有的饰物，平常人均能佩戴。芳官的两耳佩戴不同饰物一来体现出女孩子的俏丽灵巧，也是作者对于塑造书中具反抗精神的女伶阶层这一代表人物的不流于俗套的形象铺设。此回寿怡红群芳开夜宴，可谓是年轻人们无拘无束的欢乐派对，此间有个宝玉和芳官猜拳的场景，特写芳官装束，除了两耳饰物各异外，芳官只穿一件水田小夹袄，底下是水红撒花夹裤，也像宝玉那样散着裤腿，发型也很像宝玉的发型。大家笑说："他两个倒像是双生的弟兄两个。"显现出芳官性格中的不受束缚，纯真率性。芳官等12个女伶是元妃省亲前被采买来的贵族家庭戏班成员，芳官唱正旦，相貌出挑，技艺精湛。家庭戏班在当时是一种风尚，平日里封闭训练，等到家里有大型的活动便要登台演出，娱乐助兴。省亲后王夫人允许这些女孩子自行决定去留，于是芳官留在了贾府，被分配到宝玉处。从后面章节中可以看出她之所以没有离开是不想再被干娘买卖安排，干娘克扣她的月钱还用剩水给她洗头，她没有屈从便和干娘顶撞起来，得到了怡红院众人的支持，以至于最后被王夫人抄捡大观园时诬陷称"唱戏的自然不是好东西"而欲将其撵出去让她干娘领走时，芳官毅然选择了遁入空门也不屈服于再次被安排的命运。

（三）项饰

书中有关项饰的描述见表1–23。

表1–23 人物的项饰

回数	服饰	人物	场合
第八回	长命锁	宝玉	项上挂着长命锁、记名符
第八回	记名符	宝玉	项上挂着长命锁、记名符
第八回	宝玉	宝玉	另外有一块落草时衔下来的宝玉
第三回	金螭璎珞	宝玉	项上金螭璎珞，又有一根五色丝绦系着一块美玉
第三回	寄名锁	宝玉	仍旧戴着项圈、宝玉、寄名锁、护身符等物
第七十二回	金项圈	凤姐	凤姐说着叫平儿："把我那两个金项圈拿出去，暂且押四百两银子。"
第三十五回	项圈	宝钗	薛蟠道："妹妹的项圈我瞧瞧，只怕该炸一炸去了。"

锁本是实用的封缄器，又称"门键"，逐渐被人们神化为具有逢凶化吉保平安的"法宝"。民间，常给孩子佩戴的护身装饰品，有"长命锁""金锁"等，大多有吉祥寓意的装饰图案、色彩、造型，饰有"如意""长命""百吉"等吉祥字样。

《清稗类钞·风俗》："惧儿夭殇，他日自为若敖之鬼，因择子女众多之人，使之认为干爷干娘；且有寄名于僧尼，而亦皆称之曰干亲家。"符为凭信之物，我国古代以金、玉、铜、竹、木等为之，一般是左右两半，可以勘合以验真伪。"寄名符"即为寄名于某某之凭证，悬之于身，即能受其保护也，故又称"护身符"。第三回中宝玉同时佩戴了寄名锁、护身符、项圈、宝玉等多种护身，足可见他在家中的受宠程度，不愧是一家之长贾母的"命根子"。

作者通过赋予一定意义的物件串联起了跌宕的故事，《红楼梦》中巧妙地运用了金玉良缘的说法，用宝玉和金锁来暗示两人最后的结合，也注定了宝黛爱情的悲剧结局，宝玉、宝钗二人配饰中都有项圈，也有锁：宝玉带项圈，故有长命锁，宝钗带项圈，故有金锁，因此可以看出长命锁是项圈的附件。书中另一个使黛玉为之吃醋的湘云同样也是佩戴有金项圈和金麒麟。湘云是贾母的侄孙女，贾母从小把她抚养长大，是贾母最疼爱的孙辈之一，不比宝玉和黛玉差。湘云搬回史家后也时常来贾府和众人玩闹一回。湘云的直爽大方和才情聪慧的性格自然与自小的玩伴宝玉感情深厚。后面一次宝玉捡出道士赠予的金麒麟来想送给湘云，但不小心遗失了，不巧恰被湘云的丫鬟翠缕捡到，此中描写虽似平常之事，然可见人物深邃的内心世界，湘云有个金麒麟，同湘云从小玩大的宝玉和探春都没有留意到，反倒是被后来客居贾府的宝钗留意到了，宝钗说比这个小些，可见宝钗是仔细观察过的，宝钗进府后是有意观察其他佩戴有金饰物的女孩的，黛玉嘲笑宝钗“唯有这些戴的东西上才留心”，黛玉呢，因有与宝玉的玉相配的“金玉良缘”之说，金饰物已然是黛玉永远的“隐痛”，她不时借此物对宝玉旁敲侧击，使“小性”“妒忌”，实则是试探宝玉的心迹。

通灵宝玉则不但是贾宝玉的命根子，也是《红楼梦》展开情节的重要机制，全书围绕着这块玉不知生出了多少是非。第三回林黛玉刚进京，宝玉见这位神仙似的妹妹都没有玉，顿时便发作，狠命把玉摔在地上，掀起了第一场风波。宝钗进京后，这玉便成了他们三人爱情纠葛的焦点。宝钗的佩物有一个金锁，上面所刻的“不离不弃，芳龄永继”八个字，被宝钗的丫头莺儿说：与通灵宝玉上“莫失莫忘，仙寿恒昌”恰为一对。在婚姻问题上讲究姻缘的封建社会，这“金玉良缘”对宝黛的“木石前盟”极为不利，成了黛玉的一块心病。黛玉怕宝玉学外传野史上的才子佳人，因小巧玩物撮合，做出风流佳事，每每以金玉之说旁敲侧击，对宝玉进行试探考验。凡涉及佩物一类的事时，她就特别敏感，黛玉虽知宝玉对她也有一片痴心，但仍不放心，一而再再而三使小性儿歪派宝玉，急得宝玉有口难辩，屡屡砸玉以明心迹。至于通灵宝玉对宝玉的安危祸福更是至关要紧。凡此种种，都是借这块玉演出的故事。

凤姐戴的项圈是赤金的，还有“盘螭”和“璎珞”的附加饰物。“璎珞”古代用珠玉串成的装饰品，多用为颈饰，又称缨络、华鬘。璎珞原为古代印度佛像颈间的一种装饰，后来随着佛教一起传入我国，唐代时，被爱美求新的女性所模仿和改进，变成了项饰。它形制比较大，在项饰中最显华贵。“璎珞”的制作材料，《维摩诘经讲经文》中有“整百宝之头冠，动八珍之璎珞”；《妙法莲华经》记载用“金、银、琉璃、砗磲、玛瑙、真珠（即珍珠）、玫瑰七宝（七宝的解释有多种版本）合成众华璎珞”，可见璎珞应由世间众宝所成，有“无量光明”。璎珞多为戴在颈间，此处凤姐戴于头上更显华丽。整体一种闪亮贵气的招摇打扮，越发体现当家人的气度和她的火辣性格。

（四）玉饰

我国是世界上用玉最早，并且绵延时间最长的国家，素有“玉石之国”的美誉。在我国，身上佩戴玉饰的风俗从新石器时代晚期就已经开始。佩玉饰品种类大致说来有头饰、耳饰、项饰、身饰、手饰几类。先民们最早的用玉动机是基于玉石本身美丽无比的材质。在原始美感的驱使下，将其制成装饰物，佩挂在身上。随着时间的推移和社会的发展，中国的佩玉饰品已经超脱出原始的美感和由此产生的装饰意义，并与原始宗教、图腾崇拜以及人们的良好愿望相结合成为宗教信仰和图腾崇拜的象征，成为权力、身份、地位、财富的象征，成为美好人格的象征以及人们期盼美好生活的形象体现。

中国古代的用玉制度与等级制关系密切，用玉的等级制不仅明显地表现于玉执，还表现在佩玉的形式和玉材的使用上。在《礼记·玉藻》中有这样的记载：“天子佩白玉而玄组绶，公侯佩山玄玉而朱组绶，大夫佩水苍玉而纯组绶，世子佩瑜玉而綦组绶。”不同身份的人，佩玉的色泽、质地皆有区别，这一规定为后来一些朝代所效仿。由于儒家思想的介入，玉器从以往的主要作为原始宗教活动的“法器”、祭祀鬼神的原始礼器，发展为贵族阶层用以表示身份、地位的配饰，这在玉器发展史上是很大的进步。

《红楼梦》与玉文化有着密切的联系。《红楼梦》中满是玉饰品，贾宝玉佩戴的“通灵宝玉”，大如雀卵，灿如明霞，莹润如酥，正面刻着“莫失莫忘，仙寿恒昌”，背面刻有“一除邪祟，二疗实疾，三知祸福”，足见贾宝玉在贾府的特殊地位。凤姐戴着“金丝八宝攒珠髻，裙边系着双衡比目玫瑰珮”。从《红楼梦》中大量的玉饰描写中我们可以看出，在清代，人们已经将玉饰作为最主要的配饰。

（五）荷包

早年女真猎人进山狩猎时，腰间常挂一个皮子做成的“囊”，里面装些食物，以便远途狩猎时途中充饥，这就是荷包的雏形，后来逐渐演变成一种精巧的配饰，常用绫罗绸缎等上等丝织品作面料，用刺绣、纳纱、推绫等方法精制而成。

除了平时挂戴之外，在生日、满月、过礼，迎亲等喜庆活动中，以及青年男女私定终身时，均将荷包作为礼品和信物。受满族习俗的影响，清朝宫廷有制作荷包的定制。每至岁暮，皇帝要例行赏赐诸王臣“岁岁平安”荷包。平常的四时八节，皇帝也按时赏赐荷包，以示对臣下的眷宠。乾隆皇帝曾特令用小鹿羔皮做成荷包，以分赐给臣属，示意不要忘其根本。

《红楼梦》里，贾宝玉所佩的荷包中，就装些“梅花饼儿”“香雪润津丹”等食品，这是满族先民的一种遗风。满族先民还有以猛兽皮毛或鸟羽为饰的古俗，如《魏书·勿吉传》载，勿吉人“头插虎豹尾”。据《晋书·肃慎传》，当时的肃慎人“将嫁娶，男以羽毛饰女头”。清代的某些配饰有很强的实用性。《满文老档》记载，佩戴猪毛绳辫，可随时燃烧成灰，敷在烫伤处，据说这样愈后不会落疤。而“佩戴顶”即在冠顶上加以金饰。在清代民间，佩挂金银铜铁等金属制成的吉祥物更是一种旷久的民俗喜好。

二、《红楼梦》中配饰的装饰性与审美功能

古人用“配饰”装饰身体是一种普遍现象，正如有些人类学家断言的：“只有不穿衣服的民族，没有不装饰身体的民族。”服装习俗固然可以从御寒取暖方面来考察其起源，但不仅仅限于此。虽然御寒取暖在衣着的功能原则中是第一位的，但是人类对自身装饰的欲望也总是期望借助各种机会表现出来，衣着就是其中的一种表现形式。在衣着甚少的热带，甚至那些在身体上涂抹树脂和黏土以防虫类叮咬的护身习俗也逐渐地演变为“画身”或“文身”的传统。在这种强烈的装饰欲望下，各种材料制成的配饰便充当起装饰身体的主角，同样具有装饰功能的服装与配饰，在它们的演变过程中，也经历过这样一个相似的过程。在某种程度上，对人体装饰的习俗并不以文化的发达与否作为先决条件。这表明，首先裸露的人体是佩戴饰品的有利条件，可供装饰的机会也就越多。再者，佩戴饰品的目的就是装饰，这一点可以在人体饰品演变到今天的各种形式上得到印证。

服饰品的配饰几乎都是在服装所不能及的裸露部位，即头、颈、手腕、耳部、脚踝等。如果说服装具有装饰的审美功能，那么各种配饰则是这种装饰功能的延伸和发展。

《红楼梦》中提到的配饰不但体现了清代人的着装和佩戴饰物的习惯，也表

明了在清代人们已经认识到了配饰的装饰性和审美功能。

三、《红楼梦》配饰体现出的时代局限性

《红楼梦》中提到了很多配饰，有些配饰如耳饰、玉饰、珠饰等一直沿用至今，而有些配饰却早已销声匿迹。在清代，配饰在很大程度上是一种社会地位和财富的象征，尽管它的初衷是作为一种装饰物。但在阶级社会的前提下，这种装饰的功能被象征功能取代。配饰作为象征物的意义主要体现在它贵重的材料和精致的制作工艺上，如《红楼梦》中凤姐佩戴的“朝阳五凤挂珠钗”“金项圈”，宝玉佩戴的“金螭璎珞”“束发嵌宝紫金冠”“二龙抢珠金抹额”等，这些都足以体现出佩戴者在当时高贵的社会地位和拥有的财富。在清代，大多数的配饰是普通百姓和地位低微的人都无法佩戴的。

从《红楼梦》的配饰描写中我们还可以看出，清代的配饰艺术和现代有很大的区别。清代服饰的高领、宽袖以及服不露肤的审美观，使人们很少有展示贴身饰品的机会。配饰更多的是充当一种纪念性的信物或财富的贮藏形式。这表明，我国古代的配饰艺术具有一定的时代局限性。

从18世纪到现在的二百多年间，配饰在材料、制作工艺和款式等方面都发生了巨大的变化，而它最大的变化还是在于配饰已不再是少数人的宠物，而是现代人类生活中一种不可缺少的装饰物。此外，相比较配饰来说，清代更注重服装对人体的装饰作用。尽管中国古代有许多精美的装饰品，如商代有雕刻着花鸟和抽象图形的骨质和象牙发夹、簪子类头饰，当时也开始使用许多雕有动物形象的精美玉石来装饰衣服，当时人们也认识到了配饰所体现的装饰美，但是它始终未得到服装那样的重视。因为人们认为，服装质地的华丽和贵重，以及精心制作的绣饰等就足以显示一个人的地位和财富了。

四、现代配饰对《红楼梦》配饰的改革

如果说配饰的起源是作为审美的对象出现在人类早期文化中，那么在它的发展过程中曾一度背离了它的初衷。贵金属和其他珍宝作为装饰的载体，导致了配饰成为财富和权力的象征。《红楼梦》中大量的配饰描写正体现了这一点。在今天高度发展的服饰文化中，配饰的运用已经发生了巨大的变革。服装与配饰之间

已经开始建立起一种日趋强烈的依存关系。从大潮流看，配饰发展正向具有保值作用的嵌有珍贵宝石的贵金属配饰和具有与服装相协调的“时装首饰”两个方面发展。随着服装的发展，时装成为一种较高的消费，由此而引发了另一种依附于时装流行的配饰业。

配饰很大程度上依附于服装，与服装在整体上协调一致，既点缀了服装又提高了服装的品位。现代时装配饰中除少数迎合上层消费者的款式采用贵金属和高档宝石外，大部分则是以稀金，亚金以及经过特殊处理的铜、铝合金、不锈钢、塑料等较廉价的材料制成。由于采用了各种先进的镀层工艺，这类首饰除了在模仿贵金属方面水平可以达到乱真的程度外，还具有许多贵金属首饰无法达到的装饰效果。这点与《红楼梦》中配饰的运用是大为不同的，清代运用在服装上的配饰多是人物身份和地位的象征，因此都使用贵重的材料，采用了精致的制作工艺，这是现代配饰对《红楼梦》配饰的一种改革。

第二章 《红楼梦》人物服饰的质料考察

从远古以来，中国的衣料，特别在丝织品领域，曾长期领先于世界。秦汉时期一件薄如蝉翼的素纱蝉衣，重量只有48克，足见纱的细韧。

到目前为止，考古学家向我们提供的最早家蚕丝织品的出土实物，是四千七百年前的绢片、丝带和丝线，这些东西都放在浙江吴兴钱山漾新石器文化遗址中发现的一个竹筐里。

中国服饰文化是中华各民族共同创造的，衣料也是如此。毛织物和棉布，最早就是少数民族做出的贡献。迄今可知的中国境内最早的毛织品，是1960年在青海省兰诺木洪出土的四千年前的毛布和毛毯残片。这个地区，当时在华夏文化圈外。但周代大夫已经能穿上色彩鲜艳的毛料衣服了。

《红楼梦》中人物服饰材质的变化令人目不暇接，棉、毛、丝、麻及一些外来衣料织物都有相当翔实的描写。沈从文在《中国古代服饰研究》中指出："《红楼梦》描述清初丝绸锦绣及各种外来纺织品在衣着和服用中的应用，除部分材料近于子虚乌有，大部分都还可以从故宫博物院藏品中发现并保存得完整如新"。可以说，《红楼梦》中的服饰衣料描写比较真实地反映了清代服饰衣料的种类及特征。

服饰面料反映了一个时代的技术发展水平，同时也具有一定的社会文化内涵，反映了这一时代的意识形态、政治状况、道德标准和经济制度。时代的兴与衰，人们观念的开放与保守，往往会伴随着人们审美情趣的变化，同时也伴随着服装面料的色彩与风格的变化。

《红楼梦》服饰中的用料，一是品种多，二是高档、名贵，有些可以说是稀世之宝。除了麻、葛草质料之外，相当部分用料皆是高端用料，非寻常百姓能问津。其中貂皮、白狐腋、天马皮、猞猁狲、雀金呢等都属于稀罕之物。

《红楼梦》第四十回，谈到贾母来到潇湘馆，她看到窗纱旧了，想起了一种"软烟罗"，她介绍，它有四种颜色：雨过天青色、秋香色、松绿色和银红色。那银红又名"霞影纱"。贾母对王熙凤说："你能活了多大，见过几样东西？"又指出，"如今上用的府纱，也没有这样软、厚、轻、密的了。”接着凤姐把她自己穿的大红绵纱袄的襟子拉出来给贾母、薛姨妈看。他们说：“这也是上好的，这是如今的上用内造的，竟比不上这个”。“软烟罗”质量的降低，意味着这类高级产品的需要量、生产量、交换量已较前大有增加，输出量也已有所增加。

《红楼梦》中出现的丝织品种类繁多，如绢、纱、绡、绸、绫、缎、罗、锦等。

第一节　纱、绸

平纹织物指织物表面经纬线分布均匀的织物。用长丝织成的叫“绢”，用绵线织成的叫“绸”，绢又有生熟之分：生而轻薄的叫“绡”，熟而轻薄的叫“纱”。

一、纱

书中服饰采用纱料的见表2-1。

表2-1　所用纱料的服饰

回数	服饰	人物	场合
第六十三回	大红棉纱小袄	宝玉	宝玉只穿着大红棉纱小袄子，下面绿绫弹墨夹裤，散着裤脚
第四十回	大红棉纱袄	凤姐	凤姐忙把自己身上穿的大红棉纱袄子襟儿拉了出来
第三十回	簇新藕合纱衫	宝玉	林黛玉虽然哭着，却一眼看见了，见他穿着簇新藕合纱衫
第三十六回	银红纱衫子	宝玉	隔着纱窗往里一看，只见宝玉穿着银红纱衫子
第四十五回	绵纱袜子	宝玉	膝下露出油绿绸撒花裤子，底下是掐金满绣绵纱袜子

人云“方孔曰纱，椒孔曰罗”。通常认为，“纱”是一种质地比较轻薄、纱线组织比较稀疏的丝绸织品。自古以来人们就常以“薄如蝉翼”“轻若烟雾”来比拟轻薄柔软的纱罗。

纱在春秋战国时期就已出现了，它丝线细、密度小，在同等大小的织物中，用丝线最少，十分透风，适合夏季穿着。书中的“纱”经上表的归纳可分两类，一是普通平纹纱染色而成，有红纱、绿纱、白纱、玉色纱等；另一类是经过变化的纱，有妆花纱、绉纱、纳纱等。由表2–1可见，纱这种轻薄的织物在清朝可做袄、衫等类服饰，也用于外穿。色彩上有素色也有艳色，且男女均可穿着，至于是平纹纱还是变化的纱文中并未做详细描述。

二、绸

“绸”在汉代以前称“帛”，又称“缯”，是丝织物统称，专指以粗丝织成的大幅平纹丝织物，质地紧密，手感柔软，多用作士庶阶层中。绸采用平纹组织或变化组织，是经纬交错紧密的丝织物。其特征为：绸面挺括细密，手感滑爽，无其他明显特征的丝织品。

清康熙年间赵吉士《寄园寄所寄》卷八：“茧绸明初尚未行，至明季崇祯时，臣僚闻上恶其华丽，遂多以茧绸为服，始盛行。”至于清代茧绸长盛不衰，则是由于清朝以夷变夏，以质变文，服色尚蓝黑，而古代槲茧缫丝，以草木灰作解舒剂，缫出之丝近于黑色，不用染色即合于时尚。

清代叶梦珠《阅世编》中：花云素缎，向来有之，宜于公服。其便服则惟有潞绸、欧绸、绫地、秋罗、松罗、杭绫、绉纱、软绸以及湖绸、棉绸。绸可分为宁绸、春绸、绉绸、茧绸、绵绸、江绸等。

《红楼梦》中以绸为原料的服饰见表2–2。

表2–2　所用绸料的服饰

回数	服饰	人物	场合
第四十二回	青皱绸一斗珠羊皮褂	贾母	只见贾母穿着青皱绸一斗珠羊皮褂，端坐在榻上
第七十回	葱绿院绉小袄	晴雯	那晴雯只穿着葱绿院绉小袄，红小衣，红睡鞋
第九十回	大红洋绉小袄儿	凤姐	凤姐叫平儿取了一件大红洋绉小袄儿，一件松花色绫子一斗珠的小皮袄儿
第三回	翡翠撒花洋绉裙	凤姐	身上穿着镂金百蝶穿花大红洋缎窄褃袄，外罩五彩刻丝石青银鼠褂，下罩翡翠撒花洋绉裙

续表

回数	服饰	人物	场合
第六回	大红洋绉银鼠皮裙	凤姐	穿着桃红撒花袄，石青刻丝灰鼠披风，大红洋绉银鼠皮裙
第五十八回	丝绸撒花夹裤	芳官	那芳官只穿着海棠红的小棉袄，底丝绸撒花夹裤下，敞着裤脚
第四十五回	油绿绸撒花裤子	宝玉	膝下露出油绿绸撒花裤子，底下是掐金满绣的绵纱袜子

可见，在当时绸料为男女均可服用的，可作袄、裙、褂、裤。绸在《红楼梦》中分为宫绸、茧绸、绉绸和洋绉等。“宫绸”是宫廷专用的绸料，做工和用料都极其考究。茧绸属低档丝织物，原料为柞蚕丝，丝质粗，但别有风格，大概适宜刘姥姥这样的“粗民”穿用。绉绸，今称绉，似罗而疏，似纱而密，通常用来作皮革服饰的面子料，是表面呈缩状的丝织物。绉指用拈丝作经，两种不同拈向的拈丝作纬，以平纹组织织成的丝织物。“洋绉”是指舶来的绉织品，如第三回中王熙凤穿的“翡翠撒花洋绉裙”，第六回中的“大红洋绉银鼠皮裙”，绉绸属上等丝绸。“院绸”为濮院绸的简称。濮院（今作卜院）在浙江嘉兴县西南，以产素绸、花绸等著称。“油绿绸”为有光泽的深绿色绸子。

第二节 绫

绫是在斜纹上起斜花的丝织物，因为表面有如同冰凌之理，故称为绫。在清代，绫作为高档衣料被广泛使用。

书中采用绫料的服饰见表2–3。

表2–3 所用绫料的服饰

回数	服饰	人物	场合
第九十回	松花色绫子小皮袄	凤姐	叫平儿取了一件大红洋绉的小袄儿，一件松花色绫子一斗珠的小皮袄
第四十五回	半旧红绫短袄	宝玉	黛玉看脱了蓑衣，里面只穿半旧红绫短袄，系着绿汗巾子

续表

回数	服饰	人物	场合
第七十八回	松花绫子夹袄	宝玉	将外面的大衣服都脱下来拿着，只穿着一件松花绫子夹袄，袄内露出血点般大红裤子来
第一百零九回	月白绫子锦袄	宝玉	宝玉听了，连忙把自己盖的一件月白绫子锦袄儿揭起来递给五儿，叫他披上
第三回	红绫袄	一丫鬟	茶未吃了，只见一个穿红绫袄青缎掐牙背心的丫鬟走来
第七十七回	红绫袄	晴雯	晴雯又伸手向被内将贴身穿着的一件旧红绫袄脱下
第二十四回	水红绫子袄儿	鸳鸯	回头见鸳鸯穿着水红绫子袄儿，青缎子背心
第四十六回	半新藕合色绫袄	鸳鸯	只见他穿着半新藕合色绫袄，青缎掐牙背心
第五十七回	弹墨绫薄绵袄	紫鹃	一面说，一面见他穿着弹墨绫薄绵袄，外面只穿着青缎夹背心
第一百零九回	桃红绫子小袄	五儿	却因赶忙起来的，身上只穿着一件桃红绫子小袄
第三十六回	白绫红里兜肚	宝玉	说着，一面又瞧他手里的针线，原来是个白绫红里的兜肚，上面扎着鸳鸯戏莲的花样，红莲绿叶，五色鸳鸯
第七十回	红绫抹胸	麝月	麝月是红抹胸，披着一身旧衣
第八回	葱黄绫棉裙	宝钗	蜜合色棉袄，玫瑰紫二色金银鼠比肩褂，葱黄绫棉裙
第一百零九回	淡墨画的白绫裙	妙玉	身上穿一件月白素绸袄儿，外罩一件水田青缎镶边长背心，拴着秋香色的丝绦，腰上系一条淡墨画的白绫裙
第二十六回	白绫细折裙	袭人	穿着银红袄儿，青缎背心，白绫细折裙
第六十八回	白绫素裙	凤姐	只见头上皆是素白银器，身上月白缎袄，青缎披风，白绫素裙
第三十九回	白绫裙子	抽柴火女子	原来是一个十七八岁的极标致的一个小姑娘，梳着溜油光的头，穿着大红袄儿，白绫裙子
第三回	松花撒花绫裤	宝玉	仍旧带着项圈、宝玉、寄名锁、护身符等物，下面半露松花撒花绫裤，锦边弹墨袜，厚底大红鞋

续表

回数	服饰	人物	场合
第六十三回	绿绫弹墨夹裤	宝玉	宝玉只穿着大红棉纱小袄子，下面绿绫弹墨夹裤，散着裤脚

早在先秦时期，织有彩色花纹的细帛，质地轻薄柔软，外表光滑平整，与绫相似。唐代视为珍品的缭绫，就是一种花绫。绫有各种用途，而以服用为主。

唐制袍服以绫别等级，足见当时绫的重要地位。《唐书·舆服志》："高祖制六品以上服双钏绫，色用黄。"其薄阔者为组，似绳者为训，则双训为双丝绫也。在绫的花样上还要区别等级。当时规定三品以上所服之绫，以鹘衔草为纹，六品以下者小窠无纹。从所服绫纹即可了解为官的等级。

可见作为高档次的衣料的"绫"在红楼人物服饰中经常出现，"红绫袄""白绫裙"的女子屡次被提及，另外，绫在袄、裙、兜肚、抹胸、裤中都有使用。

第三节　缎

从宋元到明清，丝织品不断扩大和优化品种，如北宋创制了刻丝，南宋出现了织锦缎，明代又锦上添花，出现了五彩缤纷的妆花缎。《金瓶梅词话》第四十回写西门庆用"南边织造的夹板罗缎尺头"，叫赵裁缝替妻妾"每人做件妆花通袖袍儿，一套遍地锦衣服，一套妆花衣服"。这"妆花"就是当时的时新衣料妆花缎。

缎纹组织是在斜纹组织的基础上发展起来的，它的组织特点是相邻两根经纱或纬纱上的单独组织点均匀分布，且不相连续。从出土文物看，缎起源于唐代，宋代以后日趋普及，不仅有五枚缎和各种变则缎纹，八枚缎也被大量使用。元明以五枚缎为主，清代缎织物的浮长增加，多为七枚、八枚缎纹。它是先染后织的，质地厚实的丝织物，由于丝线交织的特殊结构，其中的一面具有平滑光泽的效果，在《红楼梦》中形象地称为"闪缎"。现代的缎类织物可以生织匹染，而古代几乎都是色织物，也用于丝、毛交织物，如书中的羽缎。

缎类服饰在书中出现频率较高，花色品种也较丰富。

书中有缎纹应用之处见表2-4。

表2-4 所用缎料的服饰

回数	服饰	人物	场合
第三回	石青起花八团倭缎排穗褂	宝玉	穿一件二色金百蝶穿花大红箭袖，束着五彩丝攒花结长穗宫绦，外罩石青起花八团倭缎排穗褂
第五十二回	大红猩猩毡盘金彩绣石青妆缎沿边排穗褂子	宝玉	贾母见宝玉身上穿着荔色哆罗呢的天马箭袖，大红猩猩毡盘金彩绣石青妆缎沿边排穗褂子
第五十一回	青缎灰鼠褂	袭人	又看身上穿着桃红百子刻丝银鼠袄子，葱绿盘金彩绣绵裙，外面穿着青缎灰鼠褂
第五十七回	月白缎子袄	雪雁	跟他的小丫头子小吉祥儿没衣裳，要借我的月白缎子袄
第三回	青缎掐牙背心	一丫鬟	茶未吃了，只见一个穿红绫袄青缎掐牙背心的丫鬟走来
第四十六回	青缎掐牙背心	鸳鸯	只见他穿着半新的藕合色的绫袄，青缎掐牙背心，下面水绿裙子
第二十四回	青缎子背心	鸳鸯	回头见鸳鸯穿着水红绫子袄儿，青缎子背心，束着白绉绸汗巾儿
第五十七回	青缎夹背心	紫鹃	一面说，一面见他穿着弹墨绫袄，外面只穿着青缎夹背心
第一百零九回	水田青缎镶边长背心	妙玉	头戴妙常髻，身上穿一件月白素绫袄儿，外罩一件水田青缎镶边长背心，拴着秋香色的丝绦
第二十六回	青缎背心	袭人	穿着银红袄儿，青缎背心，白绫细折裙
第六十八回	青缎披风	凤姐	尤二姐一看，只见头上皆是素白银器，身上月白缎袄

到明清时期，缎织物提花技术高度发展，成为高级丝织品中流行的品种，常见的有素缎、妆花缎、闪光缎、暗花缎、织金缎等，多用作男女礼服。素缎是不提花，五枚至八枚缎纹组织；妆花缎是以挖花为主要显花的多彩重纬缎地提花织

物；暗花缎是正反缎纹互为花地效应的单层提花织物；织金缎是以织金艺术为主体表现的缎纹织物。

缎多用于外衣褂、披风和背心，缎纹织物质地平滑，手感柔软。缎可分为妆缎、库缎、贡缎、锦缎、改机、漳缎等。

妆缎，也称妆花缎或云锦（狭义意义上的云锦），在元、明、清三代为“上用缎匹”的一种，妆缎是元明清时宫廷专用丝织品，据《苏州织造局志》卷七载，上用缎匹品制繁多，妆缎有五爪大龙满妆、葫芦团龙妆、团龙火焰圈有云妆等。

清代的江宁织造府，每年都大量织造妆花缎供给朝廷使用。妆花缎，既可用于衣料（如龙衣、蟒袍），还可用于桌围、椅垫等其他实用品。洋缎在《红楼梦》中也屡有出现，第三回中王熙凤初见黛玉时上穿“大红洋缎窄裉袄”，宝玉则穿着“石青起花八团倭缎排穗褂”。从贾府与宝玉在小说中的地位，足可见倭缎在当时是珍品，是备受青睐的面料。以倭缎做成的“倭缎排穗褂”是当时一种布料与样式结合得很好的衣物。倭缎是衣料，但在当时倭缎首先是宫廷、权力的象征，其次财富的象征，所以这种倭缎只被贵族服用，与平民无缘。

明代宋应星《天工开物》卷二“倭缎”条：“凡倭缎制起东夷，漳泉海滨效法为之。”倭缎的制法是日本创始的，福建漳、泉沿海地区加以仿造。这种缎的制法也是从日本传来的，丝先染色，作为纬线织入经线之中。织过数寸以后，就用刀削断丝绵即起绒，然后刮成黑光。

蟒缎是妆缎中织有龙蟒纹的一种。据《关于江宁织造曹档案史料》载，雍正三年三月十五日内务府奏折中，有皇帝用满地风云龙缎，大立蟒缎，妆缎等名目。

第四节　锦

书中采用锦料的服饰见表2-5。

表2-5　所用锦料的服饰

回数	服饰	人物	场合
第一百零九回	月白绫子锦袄	宝玉	宝玉听了，连忙把自己盖的一件月白绫子锦袄儿揭起来递给五儿，叫他披上
第五十二回	锁子甲洋锦袄袖	真真国女孩	那真真国的女孩子身上穿着金丝织的锁子甲洋锦袄袖，带着倭刀，也是镶金嵌宝的

织锦在古代丝织物中具有特殊地位，视为封建贵族使用的高贵织品。《礼记·玉藻》记载："锦衣狐裘，诸侯之服也。"

汉代刘熙《释名》谓："锦，金也，作之用功重，其价如金，故金从金帛"。锦字由金与帛两字组合而成，表明了最初人们对锦的理解和解释，即锦是多色线织出各种彩色花纹的高档丝织品。

织锦的织物组织，在汉代就有经锦和纬锦，到了唐代，纬锦显花织物就比较常见了。至宋代，纬显花组织的刻丝织物得以发展，其织物具有正反面一样的花纹。到了元代，织锦开始添用金银丝，使纬纹可以显花，织锦显得更为堂皇富丽。明代时的织锦，如苏州的盘绦锦和卉纹锦，都是纬显花组织的织物，锦面匀整，质地柔软。到了清朝，织锦就更加华丽复杂。

昔年花缎唯线织成华者，加以锦绣，而所织之锦，大率皆金缕为之，取其光耀而已。今有孔雀毛织入缎内，名曰毛锦，花更华丽。

古代的织锦完全以真丝为原料，织前将经纬线染成不同颜色，有的加织金丝银线，以多综多蹑机直接织出各种图纹，锦堪称金帛，其价如金。锦以产地、花色、纹样标记，古往今来可达上百种之多。

"锦"的织造技术复杂，色彩华丽（图2-1、图2-2）。"锦"，又称织文，外观富丽，手感厚重。从书中可见锦类多用于袄。作为封建贵族使用的高档织品，锦到了清朝在家族中已经连紫鹃这样的丫鬟也能够穿着了，这一方面说明清朝纺织业的高度发达，另一方面也能看出贾家的富裕繁盛。

图2–1　清代织锦冬装龙袍

图2–2　清代紫红地织锦金丝绣（诰命夫人补子）

第五节　毛皮类

华夏民族经历过渔猎生活，早就懂得利用兽皮做衣料。古代的裘，是连皮带毛一起处理制作的，而且毛是向外的。周代有司裘之职，管理为周王、诸侯、公卿大夫制作裘皮大衣的事。据《礼记・玉藻》云，狐白裘为君所服，虎裘、狼裘为左右卫士之服，大夫服狐裘镶豹袖、羔裘镶豹饰，士以下则服犬、羊之裘。到了清朝康熙年间，对什么样的人不能服用什么样的裘皮有一项规定："貉裘、猞猁狲非亲王大臣不得服，天马、狐裘、妆花缎非职官不得服，貂帽、貂领、素花缎非士子不得服……染色鼠狐帽非良家不得服，所不禁者獭皮、黄鼠帽……而已。"

凡是用兽毛皮制成的衣服，统称为裘。贵重的如貂皮、狐皮，便宜的如羊皮、麂皮，价格的等级约有百种之多。

上流必有狐裘，中流必有羊裘，下流则唯木棉，且有非袍者矣。貂价至昂，以毛色润泽，香气馥郁，纯黑发灿光者为上品。古所谓狐白裘者，即集狐之白腋也，后名天马皮。集狐之项下细毛深温黑白成文者，名乌云豹。其股裹黄黑杂色者，集以成裘，名麻叶子，则为全白狐，皮粗冗，不为世所重。

清代从关外传来的习俗讲究穿皮货，但并非任何人都可随便穿着。《清史稿》第103卷：志七十八：舆服二："皇帝朝冠，冬用薰貂，十一月朔至上元用黑狐……吉服冠，冬用海龙、薰貂、紫貂惟其时……行冠，冬用黑狐或黑羊皮、青绒……以下后、妃、皇子、贵戚、百官等穿用皮衣都有详细规定。康熙二年，定军民等人用貂皮、狐皮、猞猁狲为服饰者，禁之。三十九年，定八旗举人、官生、贡生、生员、监生……天马、银鼠不得服用……雍正二年，官员军民服色有用黑狐皮、秋香色、米色……加罪议处。”

《红楼梦》中皮衣出现较多（表2–6）。

表2–6　所用毛皮料的服饰

回数	服饰	人物	场合
第八回	秋香色立蟒白狐腋箭袖	宝玉	身上穿着秋香色立蟒白狐腋箭袖，系着五色蝴蝶鸾绦
第十九回	大红金蟒狐腋箭袖	宝玉	当下宝玉穿着大红金蟒狐腋箭袖，外罩石青貂裘排穗褂
第九十四回	狐腋箭袖	宝玉	忽然听说贾母要来，便去换了一件狐腋箭袖，罩一件元狐腿外褂
第三回	五彩刻丝石青银鼠褂	凤姐	身上穿着镂金百蝶穿花大红洋缎窄裉袄，外罩五彩刻丝石青银鼠褂，下着翡翠撒花洋绉裙
第八回	玫瑰紫二色金银鼠比肩褂	宝钗	蜜合色棉袄，玫瑰紫二色金银鼠比肩褂，葱黄绫棉裙
第十九回	石青貂裘排穗褂	宝玉	当下宝玉穿着大红金蟒狐腋箭袖，外罩石青貂裘排穗褂
第四十九回	海龙皮小小鹰膀褂	宝玉	只穿一件茄色哆罗呢狐皮袄子，罩一件海龙皮小小鹰膀褂，束了腰
第五十回	半旧狐腋褂	宝玉	袭人也遣人送了半旧狐腋褂来
第九十四回	元狐腿外褂	宝玉	忽然听说贾母要来，便去换了一件狐腋箭袖，罩一件元狐腿外褂
第五十一回	青缎灰鼠褂	袭人	又看身上穿着桃红百子刻丝银鼠袄子，葱绿盘金彩绣绵裙，外面穿着青缎灰鼠褂
第四九回	貂鼠脑袋面子大毛黑灰鼠褂	史湘云	一时史湘云来了，穿着贾母与他的一件貂鼠脑袋面子大毛黑灰鼠褂，黑灰鼠里子里外发烧大褂子

续表

回数	服饰	人物	场合
第五十一回	石青刻丝八团天马皮褂	凤姐	一面说，一面只见凤姐儿命平儿把昨日那件石青刻丝八团天马皮褂拿出来
第九十回	佛青银鼠褂子	凤姐	一斗珠儿的小皮袄，一条宝蓝盘锦镶花绵裙，一件佛青银鼠褂子
第四十二回	青皱绸一斗珠羊皮褂	贾母	只见贾母穿着青皱绸一斗珠羊皮褂，端坐在榻上
第九十四回	皮袄	宝玉	那日宝玉本来穿着一裹圆的皮袄……便去换了一件狐腋箭袖
第四十九回	茄色哆罗呢狐皮袄子	宝玉	只穿一件茄色哆罗呢狐皮袄子，罩一件海龙皮小小鹰膀褂
第八十九回	月白绣花小毛皮袄	黛玉	但身上穿着月白绣花小毛皮袄，加上银鼠坎肩
第五十一回	貂颏子满襟暖袄	宝玉	麝月听说，回手便把宝玉披着起夜的一件貂颏子满襟暖袄披上
第四十九回	靠色三镶领袖秋香色盘金五色绣龙窄裉小袖掩襟银鼠短袄	史湘云	只见他里面穿着一件半新的靠色三镶领袖秋香色盘金五色绣龙窄裉小袖掩襟银鼠短袄，里面短短的一件水红装缎狐肷褶子
第七十回	灰鼠袄	宝玉	宝玉听了，忙披上灰鼠袄子出来一瞧
第五十一回	桃红百子刻丝银鼠袄	袭人	又看身上穿着桃红百子刻丝银鼠袄，葱绿盘金彩绣绵裙
第八十九回	银鼠坎肩	黛玉	但身上穿着月白绣花小毛皮袄，加上银鼠坎肩
第六回	石青刻丝灰鼠披风	凤姐	穿着桃红撒花袄，石青刻丝灰鼠披风，大红洋绉银鼠皮裙
第五十二回	灰鼠斗篷	宝玉	一时又拿一件灰鼠披风替他披在背上
第四十九回	大红羽纱面狐狸里鹤氅	黛玉	黛玉换上掐金挖云红香羊皮小靴，罩了一件大红羽纱面狐狸里鹤氅

续表

回数	服饰	人物	场合
第六回	大红洋绉银鼠皮裙	凤姐	穿着桃红撒花袄，石青刻丝灰鼠披风，大红洋绉银鼠皮裙
第四十九回	掐金挖云红香羊皮小靴	黛玉	黛玉换上掐金挖云红香羊皮小靴，罩了一件大红羽纱面白狐狸里的鹤氅
第四十九回	麀皮小靴	史湘云	腰里紧紧束着一条蝴蝶结子长穗五色宫绦，脚下也穿着麀皮小靴
第五十三回	猞猁狲大裘	贾珍	贾珍看着收拾完备供器，靸着鞋，披着猞猁狲大裘
第二十回	青肷披风	宝玉	林黛玉听了，低头一语不发，半日说道："……分明今儿冷得这样，你怎么反倒把个青肷披风脱了呢？"
第五十一回	大毛衣服	贾琏	（凤姐）复令昭儿进来，旧问一路平安信息，连夜打点大毛衣服
第九回	大毛衣服	宝玉	袭人道："大毛衣服我也包好了，交出给小子们去了。学里冷，好歹想着添换……"

《红楼梦》人物时常穿着贵重的毛皮衣物，充分说明了贾府的富有、奢华。第四十九回"琉璃世界白雪红梅"一幕，各式皮草服饰在皑皑白雪的映衬下分外靓丽妖娆。

宝玉穿着的箭袖及外褂通常为貂裘和狐腋毛所制，女子的外褂用料不一，有灰鼠、沙狐皮、银鼠、羊皮等，另外袄面用毛皮制的也较多，男女都穿，有银鼠、狐皮、貂颏、灰鼠等，也用于坎肩、裙子、靴等。

书中提到大毛衣服，皮衣术语有大毛、小毛、出风等，"大毛衣服"是珍贵的细毛皮之长毛厚实的，如狐皮、貂皮、猞猁狲等；"小毛衣服"是珍贵的细毛皮之短毛轻暖的，如银鼠、灰鼠、獭皮、海龙、海豹等。大毛衣服以狐皮为主，狐以种类又分为草狐、沙狐、玄狐、倭刀等。其中草狐和沙狐产自内蒙古，草狐毛黄而长，沙狐毛短黄，身小色白，毛皮称天马皮（腹下者）乌云豹（颔下者）；玄狐、倭刀、火狐、灰狐产自俄罗斯，玄狐毛皮称为元狐皮、黑狐皮，倭刀毛皮称青狐皮，白狐毛皮称小白狐皮，灰狐称灰狐腿皮。

第六节　呢

书中采用呢料的服饰见表2-7。

表2-7　所用呢料的服饰

回数	服饰	人物	场合
第五十二回	荔色哆罗呢天马箭袖	宝玉	贾母见宝玉身上穿着荔色哆罗呢天马箭袖，大红猩猩毡盘金彩绣石青妆缎沿边的排穗褂子
第四十九回	青哆罗呢对襟褂子	李纨	只见众姐妹都在那边，都是一条大红猩猩毡斗篷，独李纨穿一件青哆罗呢对襟褂子
第四十九回	茄色哆罗呢狐皮袄子	宝玉	只穿一件茄色哆罗呢狐皮袄子，罩一件海龙皮小小鹰膀褂
第四十九回	大红羽纱面狐狸里鹤氅	黛玉	黛玉换上掐金挖云红香羊皮小靴，罩了一件大红羽纱面狐狸里鹤氅
第八回	大红羽缎对襟褂子	黛玉	宝玉因见他外面罩着大红羽缎对襟褂子

哆罗呢是舶来品，是价格昂贵的贡品，一种阔幅的呢绒。清朝初期，西欧国家使节来中国时，常向清帝进献哆罗呢绒。例如，顺治十三年和康熙六年，荷兰国两次进献礼品都有哆罗绒。据《钦定大清会典事例》记："顺治十三年，荷兰国进物中有哆罗绒，康熙六年又进哆罗绒。康熙九年，西洋国进哆罗绒。"乾隆时，日本人平泽元恺著汉文《琼浦偶笔》卷二记中国商人汪竹里语云："近世大臣逝，朝廷有赐多罗被殡殓者，系西洋所贡，类如明镜。"

《红楼梦》第一百零五回有"氆氇三十卷"，这氆氇实为手工织成的毛呢，也叫藏毛呢。氆氇原为藏族人民以手工制作，细密平整，质软光滑，作为衣料或装饰的优质毛纺织品，是加工藏装、藏靴、金花帽的主要材料，在藏族人民日常生活中所占地位如内地的棉布一样重要而普及。

在《红楼梦》出现的毛织品，还有《红楼梦》第八回中黛玉所着的"大红羽缎对襟褂子”，以及《红楼梦》第四十九回中黛玉罩“大红羽纱面白狐狸的鹤氅”等。这里的羽缎、羽纱同属舶来的毛织品。《钦定大清会典事例》卷三十：“凡遇雨雪雨冠雨衣，以毡或羽缎油紬为之。”清王士祯《皇华纪闻》卷三：“西洋有羽缎、羽纱，以鸟羽毛织成，每一匹价至六、七十金，着雨不湿。”《香祖笔记》卷一：“羽纱、羽缎出海外荷兰诸国，康熙初入贡止一、二匹。今闽、广多有之。盖缉百鸟氄毛织成。”然而通过专业人员对故宫博物院中现存羽纱面料的材料分析，证实其材质并非如古籍中记载的鸟的羽毛，而是真丝和毛织物的混合面料。

从《红楼梦》中黛玉的大红羽纱面鹤氅、宝玉的雀金呢面、宝钗的莲青斗纹锦上添花洋线番羓丝的鹤氅，足见贵族对洋货的爱好。

第七节　红楼衣料综论

一、红楼衣料与审美观

服饰是一种文化艺术形态，贯穿了我国古代各个历史时期。从服饰材质的变革中可以窥见服饰史的变迁、经济的发展状况和我国审美文化意识的变革。中国古代的服装审美意识，除了受到等级制度“礼”的种种限制约束外，还闪烁着我国古代哲学思想的光芒，儒家、道家等思想曾一度对古人的审美观产生了一定程度的影响。无论是商代的“庄重威严”，周代的“井然有序”，战国的“清奇”，汉代的“凝重”，还是六朝的“清瘦”，唐代的“华丽丰盈”，宋代的“自然理性美”，元代的“粗犷豪放”，明代的“繁丽敦厚”，清代的“锦绣华美”，无不体现出我国自古以来的审美意识倾向和思想文化底蕴。

不同历史时期的服饰审美倾向和人们的审美意识并不是凭空产生的，它必然植根于特定的时代中。《红楼梦》作者曹雪芹堪称是一个服饰的审美家，没有一部长篇小说的服饰描写如此的精深绚丽，从现实主义基础提升至极高的艺术审美境界。曹雪芹生长在祖辈历任“江宁织造”的贵族家庭中，可谓见多识广，从小就在纺织服饰文化方面耳濡目染，从而具备精深的服饰美学造诣。

《红楼梦》中人物崇尚服饰材质的奢华和现代人崇尚简约大气的穿着形式大

相径庭。这是时代变迁和文化更迭带来的变革。第三回黛玉进贾府中，聚光灯着重突出了两个主要人物的衣着，写宝玉穿“二色金百蝶穿花大红箭袖，束着五彩丝攒花结长穗宫绦，外罩石青起花八团倭缎排穗褂”，再看凤姐“穿着镂金百蝶穿花大红洋缎窄褃袄，外罩五彩刻丝石青银鼠褂，下罩翡翠撒花洋绉裙”。可见，红楼人物的穿着有如花团锦簇、艳丽非常，与现代人简约风的审美情趣大有不同。

此外，作者在服饰的描写上赋予了表征人物个性的特质。黛玉的服饰中，曹雪芹表现其气质高洁、清新不俗和青春俏丽。第四十九回中黛玉罩“大红羽纱面白狐皮里的鹤氅”，束“青金闪绿双环四合如意绦”，穿“掐金挖云红香羊皮小靴”，披着“大红鹤氅”，脚上“红香羊皮小靴”与白雪辉映，显得黛玉青春靓丽，再加“青金闪绿双环四合如意绦”，凸显纤弱风姿，其形象更加活泼灵动。作者笔下对宝钗的服饰描写虽仅有几处，但她成熟沉稳、娴静温柔、矜持随和的个性仍然可以透过服饰及其衣料的描写表露无遗。例如，第八回中宝钗头挽着“漆黑油光的鬐儿”，身着“蜜合色棉袄”“玫瑰紫二色金银鼠比肩褂”“葱黄绫棉裙”，每每透露出宝钗穿着的半新不旧，此处以蜜合、葱黄之暖色凸显她安分随时的性格，符合她不争奇斗艳的大家闺秀气质。凤姐是《红楼梦》中着意刻画的主要人物，她第一次出场“头上戴着金丝八宝攒珠髻，绾着朝阳五凤挂珠钗；项上戴着赤金盘螭璎珞圈；裙边系着豆绿宫绦双鱼比目玫瑰珮；身上穿着缕金百蝶穿花大红洋缎窄褃袄，外罩五彩刻丝石青银鼠褂，下着翡翠撒花洋绉裙”。从上到下王熙凤的服饰整体色调以金色为主，上衣为珍贵的“洋缎”，下衣为高贵“洋绉”，凸显她的富贵奢侈与出身商贾的家族背景，暗示了她在贾府中的尊贵地位。

二、红楼衣料与纺织技术

清代的纺印染技术同历代相比已经发展到了前所未有的程度，这一点从《红楼梦》一书中人物穿用的富丽堂皇、琳琅满目的服饰衣料便可看出。丝织绣染及各种手工艺技术的进步，为清代服饰衣料品种的丰富创造了前提条件。

清代时在南京设立“江宁织造”，此机构为我国织锦水平最高的皇商。曹家三代人任江宁织造官达58年之久，曹雪芹从小耳闻目睹了这个织造世家所发生的一切。因而才能写出服饰篇章中的锦绣文字，他笔下贾宝玉穿的二色金百蝶穿花大红箭袖、王熙凤穿的缕金百蝶穿花大红洋缎袄等就不乏是以南京云锦为蓝本。此外，如清代粉红色纱绣海棠花纹单氅衣是年轻的后妃夏日穿用的便服（元春省亲时所穿），因绣工精致、面料轻薄而显得尤为高档，这件制绣的氅衣工艺之精湛可谓妙手天成，用手抚摸几乎感觉不到刺绣凸浮于纱地表面。芝麻纱衣料的纱孔细密且通透，代表了清代纺织技艺的超高水平。如透过黛玉的眼睛所见王夫人卧室，“临窗大炕上铺着猩红洋毯，正面设着金线蟒引枕，秋香色金线蟒大条褥。两边设一对梅花式洋漆小几，左边几上摆着文王鼎，鼎旁匙箸香盒，右边几上摆着汝窑美人觚，里面插着时鲜花草”。“引枕”“洋毯”“大条褥”均可代表当时最高织造技术的织品。这些有着鲜明艺术色彩、风格特异的织品，互相融合映衬，构成一个整体和谐的室内空间，给人以悦目与舒适之感。

第三章 《红楼梦》人物服饰的色彩探讨

色彩搭配是一门学问，在今天也同样是服饰穿着中起着关键作用的一项。在我国从古代就很重视色彩的运用，古人把颜色与季节对应起来：春对青，夏对赤，秋对白，冬对黑，可见古代的色彩审美意识与色彩审美空间及时间贯穿起来了。色彩又被作为尊卑的象征，春秋时把黄色代表土地和地位最尊的中央，夏代尚黑，殷代尚白，周代尚赤，汉代红色系较多，元代褐色，明代红色及青色系，清代青色系。

第一节　我国古代的色系及染料

孔子把色彩分为正色、杂色、美色、恶色。在唐代以前，认为“正色”是尊贵的颜色，“间色”是卑微的颜色。“正色”指黑、白、黄、赤、青五色，间色由正色混合而成。《中国衣冠服饰大辞典》载：“古时重正色而轻间色，正色用于上衣，间色用于下裳；正色用于表，间色用于里。”

中国传统服饰的色彩上受阴阳五行的影响，古代统治者由“五行”推导出“五方”“五色”，认为青、赤、黄、白、黑五种颜色分别代表木、火、土、金、水五行，而黄色代表构成万物的基础元素土；青、赤、黄、白、黑又分别象征东、南、中、西、北五方。

颜色按色系分有：红色系，大红、莲红、桃红、银红、水红、木红等；青色系，大红官绿色、豆绿色、草豆绿色、油绿色、天青色、葡萄青色、蛋青色、翠蓝、包头青色、毛青布色等；黄色系：赭黄色、鹅黄色、金黄色、茶褐色等；以及玄色、月白、草白、象牙、藕褐、紫色等二十六色。就染料来说，古代用以染色的矿石染料主要有丹砂、空青、石黄。丹砂是染红色的，空青是染绿色的，石黄是染黄色的。染料分为植物染料和矿物染料。在各种植物染料中，只有靛蓝是还原性染料，可以直接染色，其他都是媒染染料，须用媒染剂才能染色。

古代曾经用以给织物着色的矿物颜料有赤铁矿、朱砂、胡粉、白云母等。赤铁矿是我国古代应用最早的红色矿物颜料；朱砂又名丹砂，是古代重要的红色颜料；胡粉，又名粉锡，历代妇女多用它作敷面化妆品或彩绘服饰织物的白色颜料；白云母，亦名绢云母，是一种含有硅酸钾铝的白色矿物。把它研磨成极细的粉末后具有良好的附着性和渗透性，可作为白色颜料使用。我国古代还曾以雄黄雌黄或黄丹作为黄色颜料。

植物染料和矿物染料虽然都是设色的色料，但它们的作用却是很不相同的。以矿物颜料着色是通过黏合剂附着于织物的表面；植物染料则是在染制时，其色素分子由于化学吸附作用，能与织物纤维亲和，而改变纤维的色彩，虽经日晒水洗，均不脱落或很少脱落，故谓之曰"染料"，而不谓之"颜料"。

入关之初，社会上时兴穿天蓝、宝蓝色衣褂，取其清淡、明快，宫中的皇帝和后妃们的礼服，面用明黄或石青，里子用天蓝或月白；乾隆中期以后，兴玫瑰紫，取它"红火"；至乾隆末年，传说福文襄王好穿深绛色，人言之为"福色"，争效此色；到了嘉庆时期，人们厌倦了绛色，说它沉暗不鲜，于是又时兴穿亮灰、浅灰和银灰色；嘉、道后一些伶人（艺人）或青楼女子流行用青色倭缎或漳绒作衣服的镶边，因而在清朝晚期，出现了许多镶有大宽黑边的袍褂和坎肩。

在明清时期，我国的植物染料大量出口，仅光绪初年，红花从汉口输出达6000担；茜草以及紫草从烟台输出达4000担；五倍子达20000多担；郁金从重庆输出到印度达60000担。

至明清时期，染色技术和选用染料上有了空前的发展，使织物色彩的色谱更广。如红色调有大红、莲红、桃红、水红、木红、暗红、银红、西洋红、朱红、鲜红、浅红；黄色调有黄、金黄、鹅黄、柳黄、明黄、牙黄、谷黄、米色、沉香、秋色；绿色调有绿、官绿、油绿、豆绿、柳绿、墨绿、砂绿、大绿；蓝色调有蓝、天蓝、翠蓝、宝蓝、石蓝、砂蓝、葱蓝、湖色；青色调有青、天青、元青、淡青、包头青、雪青、石青、真青；紫色及褐色调有紫色、茄花色、酱色、藕褐、古铜、棕色、豆色、鼠色、茶褐色；黑白色调有黑、玄色、黑青、白、月白、象牙白、草白、葱白、银色、玉色、芦花色、西洋白等。

第二节 红楼梦服饰色彩搭配特点

一、善用红色

书中写到红色系的衣服较多，共有大红、银红、桃红、海棠红、水红、石榴红、猩红、杨妃、荔色等九种色彩。其中大红最多，在《中国衣冠服饰大辞典》中，大红色指“以红花、乌梅及碱水染成的鲜艳的红色。”明宋应星《天工开物》中“大红色：其质红花饼一味，用乌梅水煎出，又用碱水澄数次，或稻槁灰代碱，功用亦同。澄得多次，色则鲜甚。”

大红色一般为宝玉、黛玉、凤姐等这类身份的人穿着的。如第三回宝玉的“二色金百蝶穿花大红箭袖”，第六十三回宝玉穿“大红棉纱小袄”，第七十八回的“血点般大红裤子”，第三回的“厚底大红鞋”，可见仅宝玉一人着装中，从上到下就多次使用大红色。

莲红按《中国衣冠服饰大辞典》“以红花汁浅染而成，独今之浅红，其色较桃红为浅。”而桃红色介于大红色和银红色中间的颜色，颜色如桃花的粉红；海棠红和杨妃色都是淡粉红色；水红是比粉红略深而鲜艳的颜色；石榴红和猩红都是鲜艳的红色，而荔色是紫红色。着“红绫袄”“白绫裙”的女子屡次被提及，在当时较为普遍。

中国封建社会以红喻美色。曹植在《静思赋》中就有“夫何美女之娴妖，红颜晔而流光”的诗句。因此女子的服饰以红为美，以红为贵。周汝昌在《红楼艺术》中说：“盖红者实乃整部《红楼》的一个聚焦。”大红、猩红、杏子红、玫瑰红、杨妃色、紫红、水红、石榴红、桃红、胭脂红、海棠红、银红，其色彩种类的丰富在文学史上可谓空前。

曹雪芹仿佛也像贾宝玉特别钟情于女子，所以《红楼梦》的服饰描写大多为年青美貌的女性所有。她们的服饰又大多以红色为基调。王熙凤的服饰描写出现过三次，就有两次以红为主色。第三回初见林黛玉，她穿的是“大红洋缎窄裉袄”；第六回见刘姥姥，是穿“桃红的撒花袄”“大红洋绉银鼠皮裙”。第四十九回众小姐在稻香村聚会议诗社时的服饰则简直是一片红的世界。黛玉外面穿“一件大红羽纱面白狐狸皮里的鹤氅”，湘云是“大红猩猩毡昭君套”，迎春、探春、惜春三姐妹是“一色大红猩猩毡与羽毛缎斗篷”。这些年轻女子一个个美若神妃仙子，都是天上太虚仙境挂了号的，所以都有美的服饰与之相配。红不但是美的代表，也是高贵吉祥的象征。在封建统治者眼中，高贵就是美，曹雪芹也把美和高贵结合在一起。第十九回宝玉去袭人家，见一女孩穿一件大红衣服，回来后对袭人提起时便叹了一口气。袭人道：“你叹什么，我知道你心里的缘故，想是说他哪里配穿红的。”这说明在封建社会平民不配穿红，寡妇则不准穿红。第四十九回的聚会，姑娘们一片红妆，唯独李纨穿“一件哆罗呢褂子”。哆罗呢质料名贵，却不艳丽。这是因为李纨是丧夫寡妇，按照封建伦理道德，寡妇不得着艳丽吉祥之服，否则就是守节不坚。《诗大序》说：“故变风发乎情，止乎礼仪。”这里虽然是说诗歌要合乎礼仪，实际上反映了封建社会把合乎礼仪当作重要的审美标准，曹雪芹也是如此。

二、红绿色搭配

从色彩搭配上看，红绿搭配是对比极为鲜明的一组色彩，是互补色对比，给人以最强烈的视觉刺激感。然而，曹雪芹在《红楼梦》人物服饰的色彩描写上却频繁运用这种搭配。书中的绿色服饰也常常出现在与红色的呼应中，表现出极为鲜明的人物个性。

如曹雪芹对凤姐的初次出场描写：“……裙边系着豆绿宫绦双鱼比目玫瑰珮；身上穿着缕金百蝶穿花大红洋缎窄褙袄……”一登场即展现不凡的架势让旁人一望即知其高出众人的权势和地位。其中丰富的色彩起到了极为重要的炫耀作用。大红与翡翠绿是最强烈的对比，二者色彩明度、饱和度都很高，一起使用集中突显出王熙凤艳丽非常，且傲视群芳的容貌气度。显然，丰富的色彩在衬托人物个性和身份地位上起到了极为重要的作用。

凤姐的娘家是江南的大门阀，所谓“东海缺少白玉床，龙王来请金陵王（第四回）”，可见金陵王家珍藏众多奇珍异宝，是首屈一指的富豪，凤姐在这一回的服饰、配饰都属上乘之选，难怪在黛玉的眼中彩绣辉煌的凤姐就恍若神妃仙子，她如此刻意装扮目的在显现自己的与众不同，有意炫耀拥有的权势与财势。又如第六十五回对尤三姐所着服装的描写：“这尤三姐身上只穿着大红袄儿，故意露出葱绿抹胸，底下绿裤红鞋，鲜艳夺目。”大红大绿是饱和度与明度都很高的颜色对比，穿在尤三姐身上，更凸显出她“打扮得出色，另式别样”的风情体态和“轻狂豪爽、目中无人”的个性魅力。而同样是红绿搭配，穿在丫鬟们身上却别有一番韵味。例如，第五十八回对芳官的描写：“那芳官只穿着海棠红的小棉袄，底下绿绸洒花夹裤。”海棠红是极娇艳的红色，饱和度比大红稍低些，配合着散碎花朵图案的绿绸裤，正异于尤三姐的野艳，而自有一种小姑娘的活泼可爱、娇俏怡人的生趣。第七十回写晴雯“那晴雯只穿着葱绿院绉小袄，红小衣，红睡鞋”，晴雯是丫鬟中长的最好的，如此穿红着绿更显艳丽动人。

服饰除了要符合一定社会、阶级的审美标准外，更重要的是要合乎服饰自身美的规律。不同的人在不同环境下穿戴的服饰，其款式和颜色搭配都有不同要求。红色虽美，如若千篇一律，到处滥用堆砌也就不美了。曹雪芹深谙服饰的款式和色彩学，按照美的规律设计服饰，为塑造人物形象服务，即使是一次粗线条的勾勒也独具匠心。黛玉进京时，看见贾母房前看门的丫头也“穿红着绿”，觉得“果与别家不同”。这不同的主要表现是丫头们的服饰漂亮得体。绿色富有朝气，被誉为生命之色，红是暖色，具有热烈、快乐的特征。红绿相配又造成民间画诀中“红配绿看不足”的最佳搭配，产生了既活泼又华美的审美效果。在贾府，贾母是至高无上的权威。她好热闹，喜人奉承，喜欢享受于福寿双全的天伦之乐中。因此，她的丫头不但要像鸳鸯那样善于体察迎合她，在外表上也要赏心悦目。这“穿红着绿”的丫头放在贾母房里实在是合适不过了。“穿红着绿”既合乎美的规律，构成美的服饰，又通过写丫头对塑造贾母的形象起了烘托作用。

三、服饰色彩搭配范例

书中多处可见巧妙的色彩搭配，有色彩鲜明的“对比色”搭配，有“素色”搭配，也有二者的混合搭配。

书中第八回对薛宝钗的服饰描写运用了对比色，宝钗“头上挽着漆黑油光的髻儿，蜜合色棉袄，玫瑰紫二色金银鼠比肩褂，葱黄绫棉裙，一色半新不旧，看去不觉奢华。”棉袄的蜜合色即浅黄白色，配着葱黄色绫棉裙，是同色搭配中的浅深之分，比肩褂的玫瑰紫是紫中偏红的颜色。这一身装扮颜色极为鲜明，紫与黄是互补色对比，反差最大，此处的黄与红都是运用了低纯度处理，“一色半新不旧”就显得不那么奢华。既有少女青春娇艳的气息，又符合宝钗藏拙守愚的深沉个性。

书中还提到了服饰的“素色”搭配，与书中频繁提到的色彩艳丽的服装形成了鲜明的对比，体现了不同的基调。例如，第一百零九回写妙玉“身上穿一件月白素绸袄儿，外罩一件水田青缎镶边长背心，拴着秋香色的丝绦，腰上系一条淡墨画的白绫裙。”既符合妙玉的道姑身份，又体现出她淡雅出众，清心寡欲的个人风格。

第六十八回中对王熙凤的服饰描写：“只见她头上皆是素白银器，身上月白缎袄，青缎披风，白绫素裙。眉弯柳叶，高吊两梢，目横丹凤，神凝三角。俏丽若三春之桃，清洁若九秋之菊。”一身素服，连青缎子上掐的都是银线，这一套素装银饰的色调，与凤姐平时所穿色彩艳丽的服装效果截然不同，冷色中包含着阴险，可见，作者在塑造人物的服饰情境是相当成功的，这一身素色搭配在渲染气氛和刻画性格上都发挥了独到的作用。曹雪芹的服饰色彩配置让红楼人物的形象大放异彩。

曹雪芹在其所作的《废艺斋集稿·岫里湖中琐艺》中谈到他的绘画理论时说：“置一点之鲜彩于通体淡色之际，自必绚丽夺目。”而这一理论同样适用于服装色彩的搭配用法。曹雪芹也多次借书中人物之口来阐明他的设色理论与配置技法。如第三十五回有一段经典的素色与艳色的搭配描写，别有一番韵味。第三十五回中，莺儿打络子，“莺儿道：‘大红的须是黑络子才好看，或是石青的才压得住颜色。’宝玉道：‘松花色配什么？’莺儿道：‘松花配桃红。’宝玉笑道：‘这才娇艳，要在雅淡之中带些娇艳。’”可见曹雪芹对于色彩搭配理论的精通。

四、红楼服饰色彩与时代背景

色彩有着深厚的文化底蕴，服饰色彩的应用是和时代背景、传统文化息息相关的。由于不同时期的政治、经济、文化因素各不相同，致使我国各个历史时期的色彩观念也有所不同，但总的来说，以“礼”为中心的色彩本质是一致的。色彩观念总是与当时的生产力水平、文化状态、宗教信仰程度密切相关。红色被认为象征着生命、热烈、高贵、喜庆，常为达官贵人所服用。黄色在色谱中明度最高、纯净而亮丽，为佛教所推崇，认为有驱逐邪恶的力量，后成为帝王的专用色。冷色则有朴素的象征，多为布衣百姓所用，然庶民百姓在古代的喜庆节日里也用红色，展示出一种交叉的复杂性。但从总体上说“越礼”的用色是不被准许的。

中国服饰色彩的“五色”观念由来已久，《易经·系辞下》中记载：“黄帝、尧、舜垂衣裳而天下治，盖取诸乾坤。”上有衣与天相应，下有裳与地相称，天未明时为玄色，故上衣取天之色用“玄”，地为黄色，故下裳用地之色为“黄”。上衣下裳，上玄下黄，这便是中华服装的最初形制。

随着社会的发展和人们观念的改变，人类的主观色彩意识开始影响到社会生活，于是服饰色彩文化就打上了政治性、人文性的烙印，赋予了物质的色彩与精神的情感特征，以表达喜怒哀乐。在现实生活中，每个人各有其喜爱的颜色，这与其各自的经历、教养和性格有关。基于此，曹雪芹就是从不同人物的不同性格出发，把不同性格的人喜爱的色彩加以点染，使其成为塑造人物形象的一种较有力的艺术手段。

从《红楼梦》中的服饰色彩描写我们可以看出清代的服饰既有汉民族的特点，又有满族的色彩。这是因为，满汉两族在长期交往中，服饰也在相互影响，相互渗透，互为模仿借鉴。其实早在入关之前，两族间的经济文化交流就十分频繁，内地与东北边境经常有商贸往来，清朝统治者参考前朝订定官服，所以满服在演变过程中注入了许多汉文化因子。因此，满人服饰和汉族服饰在色彩样式、花纹图案等方面也出现了融合。

清朝是以满族为主要统治阶级的朝代，因此，清朝的统治者自然极力推行满族的服饰制度。然而，一种服饰制度从推行到被人们接受必然要经过很长的一段时间，在此期间满、汉文化相互融合、相互影响、相互渗透，清代的服装无论从款式、材质、图案和色彩上都蕴含着汉文化的种种迹象。例如，清代妇女的外套，吉服用天青，素服用元青，裙子大都用大红、湖色、雪青等色彩，我们可以从中看到汉民族服饰文化的影子。

然而，清代的服饰色彩同时也体现了满族的服饰制度。色彩作为政治伦理的外在形态，直接用以别上下、明贵贱，成为统治阶级权力等级差别的标志与象征。在封建等级制度的高压和儒家礼教思想的双重作用下，色彩的应用已经逐渐脱离了自然的物质属性及其色彩的本来意义，而被赋予了皇权神授和社会地位等级差别的政治意义，致使服饰色彩的使用与范围有了特定的意义。清代服饰色彩文化出于对自然色的无限崇拜，对等级标识的刻意表述和对吉祥如意的热烈追求，呈现既热烈明快又和谐统一的色彩风格，色彩的整体效果艳丽明快，简单大方，热闹火爆，形成其独特的色彩表现方式。

五、红楼服饰色彩与传统文化

《红楼梦》中人物服装色彩的应用，也蕴含了大量的中国传统文化的因子。例如，红楼服饰色彩中红色是提到最多的，有三十多处，其中名目繁多，包括大红、桃红、水红、银红、海棠红石榴红、杨妃色等。曹雪芹事先为贾宝玉一角设定了红色作为其基调与背景，这一点是非常明确的。贾宝玉少年时自诩“绛洞花王”，并将自己居所题为“绛芸轩”，一个“绛”字既点出了与林黛玉的前身绛珠草之联系，又再次点出了“红”字。大观园中贾宝玉的住所怡红院，以及后来在诗社所起的“怡红公子”之号无不在提示这位贵公子是爱红之人。贾宝玉是贾府的贵公子，穿红、服红符合他的身份，也暗暗寄托了一份贾府上下对他继承家业使之振兴的殷切希望。

其实无论是在东方还是西方，红色都具有非常重要的地位与含义。汉代的刘熙在《释名》第四部中指出：“红色为赤，太阳之色。”因此红色是一种极具活力与热情的色彩，且具有非常明显的阳性气质。而在基督教中，红色是被圣化了的色彩，象征了上帝的爱和基督的流血牺牲。而贾宝玉的“红色”性格特质恰与此相吻合，曹雪芹在文中的服饰色彩中大量使用红色也暗含了《红楼梦》服饰色彩的运用与中国传统文化的统一。绿色在《红楼梦》中则是女主人公林黛玉的色彩符号。她的周围围绕着绿色的色彩氛围，如她的名字中包含了一个“黛”字，黛是青绿色用来画眉的墨；她的雅号叫“潇湘妃子”，住在“潇湘馆”，窗户糊着碧纱，有“千竿翠竹遮映”“松影参差、苔痕浓淡”。红色和绿色是互补色，相互间的反差最大。但作者显然是想把这两种颜色统一起来，把这两个人协调起来，这寄托了作者对宝黛二人爱情的美好祝愿。

《红楼梦》人物服饰色彩描写之精彩，首推贾宝玉，作者对其服饰描写最下笔墨，衣着最华贵、色彩最明艳，拥有一件独一无二的“雀金裘”，而且衣着数量多，更换也相当频繁，透射着轻裘华服公子哥儿的身份仪态。他首次露面即林黛玉初进贾府之时，作者借用林黛玉的眼光打量这位表兄："穿一件二色金百蝶穿花大红箭袖，束着五彩丝攒结长穗宫绦，外罩石青起花八团倭缎排穗褂，登着青缎粉底小朝靴。"第十九回，元宵节后宝玉私自去花家看袭人："当下宝玉穿着大红金蟒狐腋箭袖，外罩石青貂裘排穗褂。"宝玉身上所穿的都是极其考究的服饰，如"二色金百蝶穿花大红箭袖""大红金蟒狐腋箭袖"等，凸显其荣国府公子哥形象。实际上，《红楼梦》所塑造的典型人物典型环境，无不起源于18世纪中叶封建大家族现实生活，无不秉承作者严肃的现实主义创作态度。凤姐的服饰乍看鲜艳热烈，色彩斑斓，实容易使人产生披红挂绿的错觉。但只要稍加探究，就会发现其色彩的对比与照应正体现了她那"心机又极深细"的特点。仍以凤姐的初次出场为例，头饰与颈佩是金银珠宝；裙系是豆绿宫绦、玫瑰珮玉；身穿是大红洋缎，外罩是石青鼠褂；下着是翡翠绉裙。从色彩学角度看，内明外暗，上下协调，既显示当家人的老练沉稳，也不掩少妇的青春气息。特别是身上的"大红洋缎"的明快，罩以"石青银鼠褂"的沉着，更体现出作者以色彩塑造人物的美学认识。

六、红楼服饰色彩与流行色

我国自古代起就很注重色彩在服饰上的应用，注重把色彩审美意识与色彩审美空间及时间贯穿，我国早在古代就已经有流行色，但其变化周期长，流行感觉不太显，而且带有强烈的等级意识，因此，实际上只能说是某个朝代中王公和平民的专用色和常用色。

据古籍记载，春秋战国时期，齐桓公喜紫，举国效仿而流行；秦朝寓意政权稳固、法统长久之意，盛行黑色；汉代流行曲裾深衣，制服尚红，百姓则以穿本色麻布者为多；魏晋南北朝时期，朱、紫、玄、黄，各任所好；隋、唐以后，朱、绛成为高官显贵的服色；明代民间男女服装禁用大红、鸦青、黄等色彩，而紫、绿、桃红、白等色比较流行；清代妇女的外套，吉服用天青，素服用元青，裙子大都用大红、湖色、雪青等色彩。《红楼梦》中提到了红、黄、蓝、绿、青、白、黑等多种色系，此外，还有一些颜色也在书中频繁出现，如玫瑰紫、蜜合色、葱黄、藕色、秋香色、玉色、月白、松花色、宝蓝、鹅黄、紫色等。

李斗的《扬州画舫录》中记载了许多当时江南的染色品种，"如红有淮安红、桃红、银红、靠红、粉红、肉红；紫有大紫、玫瑰紫、茄花紫；白有漂白、月白；黄有嫩黄、杏黄、丹黄、鹅黄；青有红青、鸦青、金青、元青、合青、虾青、沔阳青、佛头青、太师青、小缸青；绿有官绿、油绿、葡萄绿、苹果绿、葱根绿、鹦哥绿；蓝有潮蓝、睢蓝、翠蓝、雀头三蓝。”可以看出，其中的许多颜色在《红楼梦》中都有所提及，而这也证实了《红楼梦》的服装色彩描写同时也是对明清社会服饰色彩流行的一个记载。

《红楼梦》服饰色彩把颜色与季节对应的具体表现形态有：以生动、娇艳的自然界植物和水果色命名的“荔枝色”“茄色”“葱黄”“玫瑰紫”等色彩；以高贵、典雅为表现主题的动物皮毛色彩命名的“猩红”“黑灰鼠”“鹅黄”等色彩；以富于个性的自然界矿物色彩命名的“玉色”“石宝蓝”“赤金”等色彩；以富于丰富联想和表现浪漫主义的诗情画意的自然现象形态中概括的色彩相貌：“水绿”“月白”“娇黄”“粉红”“秋香色”“鬼脸青”等色彩。这些色彩既包含了自然界的美，也包含了自然界色彩美的流行规律。大自然的变化万千、神奇莫测给人们带来了丰富的想象，同时也影响了人们的审美情趣，人们崇尚黑、红、黄、青、白皆来自对自然色彩的模仿，其理念的升华对于现代设计文化也极有借鉴意义。

中国古代哲学家老子主张的“人法地、地法天、天法道、道法自然”，归根到底人要以自然为师，有针对性地“返璞归真”“回归自然”。虽然《红楼梦》中关于服饰色彩的描写纷繁绚丽，用色颇多，但也不难发现其中有轻有重，有主有次，如书中红色提到的最多，实际上，《红楼梦》的色彩描述中，有红629次，赤28次，朱29次，绛24次，共710次，是小说色彩体系中具有绝对优势的色彩，爱红、穿红之人触目皆是，《红楼梦》中的红色是一股潮流。

书中明确提到“绿”字的则有十多处，如水绿、葱绿、柳绿、闪绿、翡翠、松花绿等。书中明确提到“青”字更多一些，如有红青、佛青、石青等不同名目。书中的贵族人物在正式场合多穿青色服饰，李渔在《闲情偶寄》中提到：“大家富室，衣色皆尚青是也”。第三回“宝玉外罩石青起花八团倭缎排穗褂，登着青缎粉底小朝靴”。第四十二回“只见贾母穿着青绉绸一斗珠羊皮褂，端坐在榻上”。在清朝，青色是一种比较高档的颜色，男子官服多用青色做底色，女子服多用青色来掐边。虽然红楼服饰色彩对现代的服饰色彩的运用具有一定的借鉴意义，但由于古代的服饰色彩不可避免地带有一定的等级局限性，如帝王几乎都用黄色作为服饰颜色，文武百官的服色也有其严格的品位区别，庶民百姓是被禁用的，所以很难形成真正的流行色彩。随着时代的前进和科学技术的发展，人们的穿着意识也有了很大的变化，时髦化、个性化色彩的出现，才真正是流行色产生、发展的社会基础。

第四章 《红楼梦》人物服饰的纹样图案

服饰除了质料、色彩、类型外，一个重要特征就是它的纹样图案，这也是最能表现出缝制技艺和文化特色的地方。书中写道："缕金百蝶""五彩刻丝""二色金百蝶穿花""五彩丝攒花结长穗""起花八团排穗""锦边弹墨""累丝嵌宝""朝阳五凤挂珠""赤金盘螭璎珞""双衡比目""二花捻珠""松花撒花""攒珠""宫制堆纱""立蟒白狐腋""江牙海水五爪坐龙""金蟒狐腋""绛纹""插金消绣""掐金挖云""青金闪绿双环四合""斗纹锦上添花洋线番羓丝""挖云鹅黄金里""靠色镶领袖秋香色盘金色绣龙""貂颏满襟""百子刻丝""盘金彩绣""刻丝八团""金丝织的锁子甲""虎头盘云五彩""九龙佩""盘锦镶花""原锦边琵琶襟"等。这些工艺，现在只能靠想象来体会其精细了。

这些对服饰纹样的大篇幅描写，不仅蕴含了丰富的文化内涵，也充分体现了服饰纹样与人物身份地位、文化交融、社会制度以及传统风俗之间的内在联系。

第一节　红楼服饰纹样与人物身份地位

《易经·系辞下》中记载："黄帝尧舜垂衣裳而天下治，盖取之乾坤。"完备于周朝的冕服制度就是一种天人感应、浑然一体的象征，施于冕服之上的十二章纹，成为"别贵贱，分尊卑"的礼仪制度工具之一。服饰文化流传至清代，服饰仍是身份和社会地位的象征，不同的品位等级，服饰的形制、颜色和图案都有严格的规定。例如，清朝官服上的补子，就用各种图案来显示官职品级，文官用孔雀、锦鸡等禽鸟图案，而武官就用走兽图案。相对达官贵人服饰图案所表现出来的雍容华贵，普通百姓的服饰要朴素得多。

红楼服饰纹样鲜明地表现了《红楼梦》中人物的不同身份地位。如第十五回中，北静王穿着"江牙海水五爪坐龙白蟒袍"。蟒袍，一名花衣，因袍上绣有蟒纹而得名，明制也，古代官员的礼服。士大夫们的最高理想，即意味着位极人臣，荣华富贵，妇女受有封诰的，也可以穿。我国的戏曲服装起源自明代，所以蟒袍是中国戏曲服装专用名称。

清代文官之蟒袍，一品至三品，九蟒五爪；四品至六品，八蟒五爪，七品至未入流，五蟒五爪，均不拘颜色。武官之蟒袍，一品至三品，九蟒五爪；四品、五品，八蟒五爪；六品、七品，五蟒五爪。皇子得服金黄蟒袍，诸王则非特赐者不能服。北静王用五爪龙推测为皇帝特赐。“江牙海水”纹样具有深刻寓意，蟒袍下端斜向排列的线条称“水脚”。水脚上有波涛翻滚的水浪，水浪之上又立有山石宝物，俗称为“江牙海水”。海水有立水、平水之分。立水指袍服最下摆条状斜纹所组成的潮浪；平水指在江牙下面鳞状的海波。“白蟒”“金蟒”只是颜色不同而已。北静王的装束正符合当时的礼服按品穿着的规定。

《红楼梦》中还详细描述了服饰上的“团花”纹样。所谓“团花”主要是指以各种植物、动物或吉祥文字等组合而成的圆形图案，常见于中式服装尤其是袍服和上装的胸背和肩部等部位。在早期往往是和其他要素（诸如色彩、质地、式样等）一起组合，从而构成了阶级和官僚等级之“舆服”制度的重要一环。也就是说，团花曾经是上层阶级的标志性图案之一，在古代的阶级“舆服”制度中，团花大小原本是有明确区分的。例如，在唐代时，唐高宗曾规定大臣们的常服，亲王至三品用紫色“大科花”（即“大团花”）绫罗制作，五品以上用朱色“小科花”（即“小团花”）绫罗制作。宋代时，皇帝往往在一些节令庆典之时，赏赐“时服”给文武大臣以为恩宠，据说当时的时服面料上，往往就有“乐晕锦”（即“灯笼纹锦”）、“簇四盘雕”（将圆形以十字中分，然后填充对称式盘旋飞翔之雕纹的团花）、“狮子”“宜男”“云雁”“宝照大锦（以团花为基础，填充其他几何纹）”“宝照中锦”等吉祥图案。

团花是单位花在平面织物上按“米”字或“井”字骨骼作规则散点排列，团花可以是各种纹样，不仅限于花卉纹样。“团花”纹样在服饰中的不同应用也是身份地位高低的表现。上层、贵族的便服多讲究用大团。八旗妇人礼服，补褂之外，又有所谓八团者。据载，八团的位置是：“前后胸各一，左右角各一，前后襟各二”。

第三回“宝玉穿一件二色金百蝶穿花大红箭袖，束着五彩丝攒花结长穗宫绦，外罩石青起花八团倭缎排穗褂。”“八团”在《清稗类钞·服饰》中有记载：“补褂之外，又有所谓八团者，则以绣或刻丝，为彩八团，缀之于褂”，因此，宝玉服褂上加绣彩团八个，名为“起花”，这与故宫博物院珍藏的一件朝袍“起花”及制作几乎如出一辙。可见，宝玉穿着的是清代贵族正式场合的礼服形式。

“百蝶穿花”纹样在《红楼梦》中多次出现，如第三回中凤姐身着“缕金百蝶穿花窄裉袄”。其中，“缕金百蝶穿花”是一种贵族女性常用的纹饰，是将花卉和蝴蝶穿插而组合成的图案，它的每一单位纹样中有粉蓝色枝梗的白色梅花、粉红色的桃花，层次分明的牡丹和蓝黄绿各色的花叶，还有月季、海棠、芙蓉等百花丛集，灿烂夺目，这些花形颜色复杂，多用黑色勾边，其中穿插10种以上大小不同的蝴蝶及随风飘浮的花瓣，并在这些图案上缕上金丝线，富丽堂皇。

第二节　红楼服饰纹样与文化交融

一、服饰纹样与满汉文化

《红楼梦》中的服饰描写，既有汉族的特点，又有满族的色彩，这是因为生活于康乾时代的曹雪芹，正处在满汉两个民族文化交融的时期，满族服饰和汉族服饰在样式、花纹等方面出现了融合；同时，清朝政府实行严厉的民族服饰政策，使得满、汉两个民族的服饰又有泾渭分明的现象。清朝末年，满、汉服装纹样装饰在不知不觉中相互融合。汉族妇女袄褂变得越来越长，类似于袍，而满族服装在图案纹样的应用上也越来越多地借鉴汉族服饰的形式与内容。例如，《红楼梦》中北静王的“江牙海水五爪龙白蟒袍”图案纹样，就是清朝服饰向汉族服饰学习的结果，在装饰风格和手法上，两族服饰的界限也已不再那么明确。例如，满族女装的旗袍、马甲等都采用了汉族的吉祥纹饰以及刺绣工艺等。满、汉服装由初期的对立，到晚清时走向了融合。

满族统治者为了巩固政权，也把汉族统治者所用以标示王权尊严的十二章纹运用到皇帝的冠服上去，并承袭明朝官服上的补子纹样，作为标识官吏官位高低的标志，都是清朝服饰向汉族服饰学习的结果，但这种学习并不十分彻底，因此清代满汉两族服饰文化的对峙始终存在着。

二、服饰纹样的中西结合

清代服饰的图案纹样建立在浑厚的传统文化基础上，适时地反映出了人类历史的时代脚步。当19世纪中叶的欧洲服装受到新古典主义的影响，出现如“巴斯尔裙”的繁复装饰时，同时代的清朝服装也在进行着装饰纹样的华美构建。清代丝织的艺术风格早期多用各式繁复的几何纹，用小花小朵作为装饰，古朴典雅；中期纹样中有欧洲巴洛克、罗可可艺术风格；晚期则喜用折枝花、大朵花。

清代服饰图案出现了很多类似西方同时代新古典主义的特征，表现为将传统装饰风格与时代风格相结合，以及将服装上各种独特的花缘、独立图案、满地花纹、吉祥图案构成了特定的风格样式，整套服装乍看是满族风范，细心品味既有汉族装饰的题材，也有蒙古族等少数民族华美装饰的手段。

清朝衣料的图案，无论是贵族妇女的便服，还是民间女装上的刺绣、刻丝或是锦缎、丝绸衣料的纹样，多是采用视觉符号传达意义。例如，吉祥图案，从高贵绸缎到民间印花布都运用得极为广泛。书中第五十一回，袭人身着王夫人送的“桃红百子刻丝银鼠袄子”。“百子纹”是至今民间仍流行的闺女出嫁配送的图案纹样，寄托人丁兴旺、幸福美满的心愿。

《红楼梦》中的几何纹是万字纹，它原是古代的一种符咒、护符或宗教标志，通常认为是释迦牟尼胸部所呈现出的瑞相，用作“万德吉祥”的标志。《红楼梦》第四十回中提到的“流云万福花样”就是云纹、福字纹、万字纹的和谐配置，有“万寿无疆”之意。此外，服饰上的龙凤呈祥、龙飞凤舞、九龙戏珠等图样，不仅隐喻着图腾崇拜，而且抒发着“世间继承人”的情感。鹤鹿同春、喜鹊登梅、凤穿牡丹等图案，反映了人民对美满生活的期盼。

从清早期到中期，蝴蝶纹风格有较大的变化。清早期蝴蝶纹风格偏写实；进入清中期存世织物上的蝴蝶纹明显受到了西洋绘画风格的影响，蝴蝶纹样采用大量的装饰线条，打破了原来图案的写实性轮廓，改变了原来薄而平的蝶翅质感。清中期蝴蝶纹还常常与卍字纹、如意云纹嵌套式组合，蝴蝶成为装饰纹样的载体。

大观园内石雕的“西番草花样”，“羽缎”“羽纱”的服装面料等，表现了贾府贵族对西洋艺术的接纳态度。此外，“缕金百蝶穿花大红洋缎窄裉袄”的“窄裉”是乾隆初年流行起来的服装样式，推测是可能受到了西式立体剪裁的影响而变化出的合身型款式。

第三节　对中国传统服饰图案的继承

服饰图案有文字记载是在商代，主要表现形式是规则的几何纹，如回龟纹、菱形纹、云雷纹等，战国时期的纹饰图案则采用了自然物象的变化纹样，开始注意艺术形象的整体性。随着服饰图案的演变，其越来越成为等级地位的象征。服饰纹样成为官职等级高低的标识，尤为明显的是在明清时期的服饰上，明太祖朱元璋在服饰改革中，对服色及服饰图案规定过于具体，如不许官民穿蟒龙、飞鱼、斗牛的图案。明代官服上缝缀补子，名为补服，以补子图案的不同来区分官职的大小，文官与武官服装的补子、花纹图案都不尽相同。清朝的服装以满服为主流，但在官服上基本承袭了明朝的补子图案，补服也成为中国服装史上颇具特色的服饰之一。

清代的服饰是我国服饰发展的顶峰，在图案应用上承袭了历代传统审美思想与装饰理念，服饰图案在这时的装饰作用已达到了登峰造极的程度。特别是在继承宋、明时期图案装饰的基础上，清代服装纹饰达到了装饰的极致，而且服饰上的其他装饰配件也呈现出纷繁的状态。无论是满族女子旗袍，还是汉族女子袄裙，从豪华纤巧的色彩纹样到精美绝伦的服装面料与工艺，都始终围绕着装饰衣服这一宗旨。

《红楼梦》中的“三镶盘金”纹样就是对服装起装饰作用的一种纹饰。书中第四十九回：史湘云身着一件“半新的靠色三镶领袖秋香色盘金五色绣龙窄裉小袖掩襟银鼠短袄”，“盘金彩绣”是以金线“平绣”，并以五彩线绣成的纹样。妇女衣服上的滚条，一道曰一镶，“三镶”即是三道，当时此种纹样盛行一时，至清末时甚至在衣服边缘处镶有十八道滚边，为有名的“十八镶”。

“掐金满绣”或称“平金”或“盘金”，方法是以金线加绣，制成各种图案纹饰。“镶边”与“掐牙”相似，也是在边缘处加以修饰。如果说清代服饰的发展与历代服饰也有不同的话，那么就是各种服饰配件的完善、图案的烦琐，以及等级观念在图案上的反映更加森严明确了。清代的服饰除了继承前代的装束外，主要是在装饰物件上更加完备，在图案的设计上承袭十二章纹，在明代吉祥纹样的基础上，使图案的装饰作用达到了繁纷的程度。

书中凤姐“外罩五彩刻丝石青银鼠褂”“石青刻丝灰鼠披风”，王夫人赏了袭人“桃红百子刻丝银鼠袄”。“刻丝”又名“缂丝”或“克丝”，是中国汉族丝织业中最传统的一种挑经显纬，极具欣赏装饰性丝织品。起源于汉代，宋元以来一直是皇家御用织物之一，常用以织造帝后服饰、御真（御容像）和摹刻名人书画。因织造过程极其细致，摹刻常胜于原作，而存世精品又极为稀少，是当今织绣收藏、拍卖的亮点。常有“一寸刻丝一寸金”和“织中之圣”的盛名。日本人称为“缀锦”织制方法。刻丝在古籍中多有记载，如宋代庄绰的《鸡肋编》:“定州织刻丝，不用大机，以熟色丝经于木梓上随所欲作花草禽兽状，以小梭织纬时，先留其处，方以彩色线缀于经线上，合以成纹，若不相连。承空视之，如雕镂之象，故名刻丝。如妇人一衣，终岁可就，虽作百花，使不相类亦可，盖纬线非通梭织也。”从中可见，刻丝与一般织物不同，乃是用了通经断纬的织造技艺。唐以前以毛线织成，至唐代多以丝线织成，宋代刻丝内容富实，风格朴质，设色典雅。元代参以金线。明代初期曾因制作烦琐禁用刻丝，中期以后，构图活泼，技术巧妙，在织制上趋于简化，部分图案用笔填补彩色。清代刻丝技术发展精密牢固而整齐，喜作大幅，设色鲜明艳丽。

第四节　红楼服饰纹样与中国传统工艺

书中提及盘金、挖云、镶花、彩绣、盘云、掐金、弹墨等多种传统织造工艺。

“三镶盘金”的“盘金”，是苏绣针法之一，条纹绣的一种，是平金绣的简化，作装饰绣品，起美化与调和色彩的作用。经常与打籽针一起运用，适宜绣制台毯、被罩等实用品与装饰性较强的欣赏品。针法组织以丝绣图案为依据，将金线回旋，加于已绣或未绣的图样边缘。绣线有“双金”“单金”之别（两根金线并在一起绣称双金绣，一根金线称单金绣），一般以双金为主，因其线条方向依样盘旋，故称盘金绣，钉线色彩要与刺绣色彩相呼应。

全文描写刺绣最精彩的有四处：第三十五回写莺儿和宝钗为宝玉打络子，充分表现了色彩学的玄奥；第三十六回写袭人和宝钗在宝玉午睡床边精心为宝玉绣鸳鸯戏莲兜肚；第五十二回中写晴雯补裘，写出了这个烈性女子巧夺天工的刺绣技艺；第五十三回写“慧绣”，对中国刺绣艺术作了高度的概括。

清代宫廷用品大部分以刺绣为装饰，图案丰富，绣工精致，用料极其珍贵，大都是在苏州刺绣的。清中期以后，刺绣装饰与纹样的布局注重与服饰的整体协调。《红楼梦》一书中写到的织绣服饰种类很多，有绣衣、绣袍、绣鞋、绣裤、绣绦、绣裙等。

另有多处写到“掐牙”背心，“掐牙”与“镶边”相似，相比镶边来说不追求过度的华丽锦绣，只用窄的滚条夹入边线，在边缘处做修饰，利用色彩对比来增加美感。而另一种“掐金满绣”或称“平金”或“盘金”，方法是以金线加绣，制成各种图案纹饰，如上文所述。

“弹墨”工艺也属传统纹饰的一种。黛玉拜见王夫人的“小正房”内陈设颇为素朴，“挨炕一溜三张椅子上也搭着半旧弹墨椅袱”。再有袭人用的“弹墨花绫水红绸里的夹包袱”，宝玉穿的“锦边弹墨袜”“绿绫弹墨夹裤”，紫鹃穿的“弹墨绫薄绵袄”，大观园采购的“弹墨幔子”等。

在河北有一种古老的工艺“弹墨门帘”，或许可作参考。是将设计并剪成镂空图案的纸铺在门帘布上，将带有黑色染料的马尾罗放在剪纸的上方，控制力道让染料均匀地弹到纸上，待完成后取下剪纸，布上就出现了图案的轮廓，再勾描、上色。由于纸有一定的渗透作用，成品门帘的底色呈现比墨色浅的灰黑色，上面浮现出清晰的花纹。

除了将弹墨解释为传统的染色工艺外，学界还有一种解释是“夹有墨线纳成行线或简单图案的装饰”。“弹墨绫”也被释为“嵌有墨线的绫子”，红学家邓云乡认为“是墨色丝、白色丝相间织成花纹的织锦”，如此“弹墨”是一种织造工艺。

第五节　红楼服饰纹样与中国传统龙文化

《红楼梦》一书中对“蟒”纹进行了大量的描写。作为中国传统文化的象征，龙基本上都是帝王们的专有物。然而在民间，龙仍然以各种方式出现，人们以赛龙舟、舞龙灯来欢庆节日，以祭祀龙的方式来祈求风调雨顺。《红楼梦》服饰描写中体现出来的龙文化也足以说明中国古代的这种文化传统。

《红楼梦》中贾宝玉的正式礼服都是绣蟒的箭袖，如书中第八回宝黛初见时，从外回来的宝玉穿着“秋香色立蟒白狐腋箭袖”；第十五回中宝玉与北静王见面时，宝玉穿着“白蟒箭袖”，北静王穿着“江牙海水五爪坐龙白蟒袍”，第十九回宝玉到袭人家里去时“穿着大红金蟒狐腋箭袖”。蟒袍、蟒服、蟒缎的尊贵，不是因为它们的质地，而是因为绣在其上的蟒纹。在服饰上绣蟒纹或龙纹起源很早。据《尚书·虞书·益稷》中所载“十二章服”制度：“日、月、星辰、山、龙、华虫作绘、宗彝、藻、火、粉米……以五彩彰施于五色作服。”以此看来，龙作为服饰的纹样，当在夏商之际就已经产生。

“十二章纹”中的龙纹，根据唐朝孔颖达“龙取变化无方”的解释，是一种图腾的象征和崇拜。可见，当时龙已经具有了初步的神性，还具有德之化身的文化意味。在黄袍上绣以龙纹并形成制度是起源于明代。明代模仿前代，禁止民间使用龙纹，同时对大臣朝服的图案也作了规定，这是和皇权专制在明代被强化的历史背景分不开的。自此，龙纹遂为皇帝的御用之物，臣庶不得擅用。相比之下，清王朝要相对宽松一些，它规定文武百官可穿蟒服，但蟒数及颜色各有等差。

清朝是我国服装史上改变最大的一个时代，清代是满汉文化交融的时代，尤其是服装文化，也是在满族进入中原后，保留原有服装传统最多的非汉族王朝。

清初统治者下达过『薙发』和『易服』的命令，由于这种政治上的干涉，而使服饰具有一种特殊的状态，服饰敏感得成为政治倾向的象征，作者的出身又是曾在雍正时期被抄家的贵族大家之后人，所以我们能够理解《红楼梦》作者对于服饰描写中，有意将『真事隐去』，而『假语村言』使其『无年代可考』的初衷。

然而这并不影响作者对于服饰描写的深刻入微，卓尔不凡，每处关键人物的出场都使人印象深刻，服饰搭配依附于人，从中可以揭示出人物的性格特征，社会地位，反映当时的经济发展水平和社会制度。这些是透过服饰的外在表现，所能窥见的服饰的内在含义。

本篇从服饰与身份地位、人物性格、社会制度和经济发展的关系，来探讨服饰的内在含义。

下篇

《红楼梦》人物服饰的内在含义

《红楼梦》服饰与身份地位

《红楼梦》服饰与人物性格

《红楼梦》服饰与社会制度

《红楼梦》服饰与经济发展

曹雪芹对于书中人物服饰的描写细致入微，拿第三回凤姐出场时的描写来看：

“一语未了，只听后院中有人笑声，说：‘我来迟了，不曾迎接远客！’黛玉纳罕道：‘这些人个个皆敛声屏气如此，这来者系谁，这样放诞无礼？’心下想时，只见一群媳妇环拥着一个人，从后房门进来，这个人的打扮与姑娘们不同，彩绣辉煌，恍若神妃仙子，头上戴着金丝八宝攒珠髻，绾着朝阳玉凤挂珠钗，项上戴着赤金盘螭璎珞圈，裙边系着豆绿宫绦双色比目玫瑰佩，身上穿着缕金百蝶穿花大红洋缎窄褃袄，外罩五彩刻丝石青银鼠褂，下着翡翠撒花洋绉裙；一双丹凤三角眼，两弯柳叶吊梢眉，身量苗条，体格风骚；粉面含春威不露，丹唇未启笑先闻。”

这一场景从人物的整体感观到自上而下的穿戴再到形神都刻画得入木三分。服饰部分浓墨重彩，尤显璀璨，每件衣服只一句话，便将色彩、纹样、工艺、款式、材质（也有细分中西所用）交代得面面俱到，令人叹为观止，非谙其理不可成文，而这与作者成长于清代江南三大织造府之首的江宁织造府有莫大关联。

从色彩看，头饰和上装中用了三个金色、一个大红色，透露出一种热烈和奢华。我国自古以来以金为贵，大红则为五个正色之一，石青色亦为清代高级色，通常为官服和命妇服所用，非一般人可用，此处以石青来压红，加以调和，不致过分浓烈，美而不俗；头饰以金黄为主调，显得富丽堂皇，艳丽夺目，给人以威赫华贵之感。从款式看，其中袄的式样为“窄褃袄”，纹样“百蝶穿花”，色彩是“缕金”，质料是“丝绸中的洋缎”，褂的质料为“银鼠皮”，色彩“石青”（正面石青色，里层银鼠皮），纹样“五彩刻丝”，裙的质料“丝绸中的进口洋绉”，色彩“翡翠”，纹样“撒花”，均描写得十分具体。刻丝为高级织品，又名“缂丝”，常有“一寸刻丝一寸金”和“织中之圣”的盛名。窄褃袄为一种紧身袄，能显出人的身段，年轻泼辣的凤姐正适合这种款式，将她苗条风韵的体态更好地凸显出来了。再加以所饰的金丝八宝、朝阳五凤、赤金璎珞、缕金百蝶穿花、五彩刻丝、翡翠撒花等华美的图案，既漂亮又尊贵；既洋溢着青春气息，又威赫凝重，把凤姐的外貌烘托得更美，也和凤姐火辣的性格、贾府掌权人的身份相吻合。这段着装描写突出了王熙凤的年轻貌美和她争强好胜的“琏二奶奶”当家人的风范，为深入刻画人物的性格特点埋下了伏笔。曹雪芹描写上层人物不仅从突出性格出发，而且能够充分揭露出上层人士的经济地位、审美观念和穿衣风格等。多层穿戴、首饰齐全、刻意打扮往往是经济充裕，有闲情逸致，在某种场合有意表现自己的人。服装质料和饰物，也是人的社会等级的标志，如当今人们追崇名牌一样，“彩绣辉煌”“金丝八宝攒珠髻”“朝阳五凤挂珠钗”“赤金盘螭璎珞圈”“百蝶穿花大红洋缎”等华贵首饰和高级衣料，烘托出了王熙凤的社会等级和在贾府的地位。同时此次出场也体现对黛玉进府事情的重视，黛玉的母亲是贾母最疼爱的女儿，贾母怜惜外孙女接来同住，凤姐对黛玉的重视就是对贾母的重视。

第五章 《红楼梦》服饰与身份地位

著名学者、红学家周汝昌先生这样阐述《红楼梦》的艺术性:“伟大的艺术家曹雪芹写贾宝玉对人生的看法,在后半部写晴雯的死,先写怡红院中的一棵海棠树枯萎了。贾宝玉说:植物是有生命、有灵性的,它也有情、有理、有感应、有交流,晴雯死前海棠树先枯萎了。曹雪芹在《红楼梦》中对各种人物的复杂关系的处理,对人、对物的细微刻画都是高超的。他写人、写物、写事、写境都包含着个性,我们只能以这种认识读这部作品,才能理解《红楼梦》。中国传统文化的最大特点是把文学艺术作品看成一个活物,有生命、有灵性、有血、有肉、有脉,凡生命有的,他(它)都有……

第一节 服饰图案与身份地位

这是书中很少提及有关代表官位的服饰,也仅仅是这么一句简单的描写,其几处为宝玉作为正装穿着的蟒袍。即使是元春省亲的时候,作为一场最宏大的带有仪式性的庄重的活动中,本应详细写的人物着装却是一带而过,只知道元妃一遍遍地换衣服,众人都“按品大妆”,此处更能说明作者有意模糊朝代痕迹,也是写法的高明之处。

《红楼梦》所写并非官场之事,然而这四百四十八个人物却也自然有贵贱之分。四大家族和他们的亲戚属于贵族。“贾不假,白玉为堂金作马;阿房宫,三百里,住不下金陵一个史;东海缺少白玉床,龙王来请金陵王;丰年好大雪,珍珠如土金如铁。”足见贵族的势力与奢华。他们与平民和奴隶阶级之间有着不可逾越的等级差异,这种差距我们可以从乡村女子刘姥姥进大观园这一情节去领会,从平民的眼里和体会中,便知贵族与平民的生活差别可谓是天上地下。

同样,贵族与服侍他们的奴隶之间是上尊下卑的,处处可见服饰这一直观的外在表现形式所反映的人物身份地位的差异。

作者对贵族人物的穿着打扮颇费笔墨,往往是从头到脚细细交代的,而奴婢的穿戴描述常常是一笔带过。

第三回写凤姐："头上戴着金丝八宝攒珠髻，绾着朝阳五凤挂珠钗；项上戴着赤金盘螭璎珞圈，裙边系着豆绿色宫绦双鱼比目玫瑰珮，身上穿着缕金百蝶穿花大红洋缎窄裉袄，外罩五彩刻丝石青银鼠褂，下着翡翠撒花洋绉裙。"

丫鬟穿着就简单得多，如第二十六回袭人"穿着银红袄儿，青缎背心，白绫细折裙"；第二十四回鸳鸯"穿着水红绫子袄儿，青缎子背心，束着白绉绸汗巾儿"。

然而同为奴仆的众丫鬟婆子之间也有身份贵贱的不同。刘姥姥初进荣国府，被领到王熙凤住处，错把平儿当成琏二奶奶叩拜，说明封建社会中贵族大家里作为主子屋里的大丫头其身份地位是同妾的，从平儿胆敢和凤姐争论的那段描写中就能看得出来其地位不同于普通奴仆。凤姐是当家人，平儿是跟了凤姐过来的唯一一个被留下来的丫鬟，一向行事周全，可说是凤姐的心腹，一些事情贾琏不知却是没有平儿不晓得，凤姐不在的时候家下人来回事，平儿可以揣度着做决断。这种身份和地位自是不同普通的丫鬟，因而穿着打扮自然较一般奴仆丫鬟精美得多。

贾府的奴隶阶层中也出现了一个特例，就是贾府老奴赖家。赖嬷嬷的孙子赖尚荣，本是贾府的家生子（父母都是贾府的奴仆），然而赖家却能够仰仗贾府权势，赖家出钱捐了官位，为赖尚荣谋得州县县令一职。算是贾府开恩，许了赖尚荣放出去，除去了其贾家奴仆的身份，获得了自由身。

赖家论家宅，前府后园，标准的富家居家环境，论地位，家中也使唤着丫头、婆子、奶妈等众奴仆。然而此种荣耀的背后却是数年的经营的结果，历经三代实现了由仆转主的逆袭之路。赖嬷嬷当年服侍过贾母公婆——荣国公夫妇，按照贾府的规矩：年事已高且服侍过父母的仆人，比年轻的主子还体面。赖嬷嬷同贾母，像极了贾母贴身大丫鬟鸳鸯和凤姐的关系，半奴半友。有时候，甚至更像闺蜜，无话不谈。儿子赖大、赖二是荣国府和宁国府现任两大总管，都做到了仆人界的最高位置。自是清楚贾府的社会地位和盘根错节的人脉关系，才可从中打算借势成功。然而从赖嬷嬷登门邀请凤姐儿参加赖家孙子就职喜宴和告诫孙子的话语中，讲出了得了主子的恩德，唯有全力报效的理。可以看出实际上主仆的界限和鸿沟是根深蒂固的。

第二节　服色与身份地位

促使服装发挥它的功能，最重要的因素在服色。服色有两大功能：一是区别身份地位；二是表示所处的场合。古代的统治者对全天下的人，都有规定的服色，尤其，天子、诸侯至百官，从祭服、朝服、公服至常服，都有详细规定，因穿制服的人，多属上层阶级，是人们企羡的对象，因此制服服色强烈地影响着一般的流行服色。另外，时代不断变迁，中国文化中不断加入外来文化，流行服色也会反过来影响制服服色，这两种服色文化互相激荡的结果，产生了这段看似变化不大，事实上又有翻天覆地改变的服装史。古代的服装，依穿着场合，主要可分为：礼服、朝服、常服三类，每类又可分几种，原则是地位越高的人，得以穿的种类越多，可以用的颜色越多。

古代规定“非列采不入公门”，以列采为正服。封建政府还严格建立规章制度，以别贵贱等级之度。统治阶级的上层，均服高级的丝织品，而劳动人民只能穿杂色的衣服。唐宋以后，以色彩区别等级高下的情况更为严格。唐武德中：“三品以上大科绸绫及罗，其色紫最尊贵，朱色次之，杂色又其次了。《宋史·舆服》：“凡朝报谓之具服，公服从省，今谓之常服。宋因唐制，三品以上服紫，五品以上服朱，七品以上服绿，九品以上服青。”流外官及贡举人、庶人，通许服皂。这里是九品四色，仍以紫色为最贵，其次为朱、绿、青诸色，而皂色则在九品之外。至于常服，他们更喜好锦绣文采靡曼之衣，不仅高级丝织品如此，对一般人民穿着的麻布衣服，也都崇尚染色，认为染了色才是“吉服”。

书中第四十九回中对众人雪装的集中描述：

“黛玉换上掐金挖云红香羊皮小靴，罩了一件大红羽纱面白狐狸里的鹤氅，束一条青金闪绿双环四合如意绦，头上罩了雪帽。众姊妹……都是一色大红猩猩毡与羽毛缎斗篷……史湘云……头上戴着一顶挖云鹅黄片金里大红猩猩毡昭君套……里面短短的一件水红妆缎狐肷褶子……探春正从秋爽斋来，围着大红猩猩毡斗篷”。

在尚红的《红楼梦》中，贵族姑娘们的一次集体活动场景中，穿红正印证着红色所代表的阶级身份。映雪来看，更是别具风格，而李纨穿一件青哆罗呢对襟褂子，她虽是贾府的大奶奶，因是丧夫之妇故而不穿艳色。薛宝钗虽为富家小姐，但“不喜花朵儿”，穿的是莲青斗纹锦上添花洋线番丝的鹤氅。只有邢岫烟仍是家常旧衣，并无避雪之衣，她家原是富贵之家，因到了父亲一辈家道中落，她投奔邢夫人而来住进大观园，邢夫人并没有特别的周济这个侄女，凤姐原以为邢岫烟会像她的父母或是姑妈邢夫人一般自私，让人讨厌，但是经过一番平日的观察，才发现她竟是个温厚可疼的女子，破例发放月银给她。还有平儿和宝钗也对她施以援助，岫烟与“万人不入目”的妙玉不仅是贫贱之交，还有半师之分，用宝玉的话来说就是“原来他推重姐姐，竟知姐姐不是我们一流的俗人。”最终她与薛蝌的结合是书中难得美满的一对，自是品行三观一致的佳偶。

第三节　服饰质料与身份地位

《阅世编》记载：舆隶之属，则戴毡笠上插鹭尾，威仪秩秩矣。其便服自职官大僚而下至于生员，俱戴四角方巾，服各色花素绸纱绫缎道袍。其华而雅重者，冬用大绒茧绸，夏用细葛，庶民莫敢效也。其朴素者，冬用紫花细布或白布为袍，隶人不敢疑也……其市井富民，亦有服纱绸绫缎罗者，然色必青黑，不敢从新艳也……其内衣，冬夏无不服裙，不分贫富贵贱皆然……康熙九、十年间，复申明服饰之禁，命服悉照前式：豹、裘、猞猁狲，非亲王大臣不得服；天马、狐裘、妆花缎，非职官不得服；貂领、素花缎，非士子不得服；花素绫缎纱及染色鼠狐帽，非良家不得服；所不禁者，獭皮、黄鼠帽，素绸罗绢及茧绸葛布、三梭细布而已……袍服，初尚长，顺治之末短才及膝，今则又没踝矣。暖帽之初，即贵貂鼠，次则海獭，再次则狐，其下者滥恶，无皮不用。如农民之家有一人为商贾者，亦不许着绸纱。此可见吾国之贱农商，而商尤轻于农也。

可见，起初从大僚至生员，便服可以服用各色花素绸纱绫缎道袍。奢华的冬用大绒茧绸，夏用细葛，庶民不能穿，朴素的冬用紫花细布或白布为袍，奴仆是不敢穿的。就算是市井中富庶的人，服用纱绸绫缎罗的也只能用青黑色，不敢使用艳色。到了康熙九、十年间，又重新申明了服饰禁忌，高档的皮货和丝织品按职级加以限制，农民之家如果有人从商，则不能服用绸纱，可见当时农商地位较低，商低于农的。

清入关后，随着统一全国，满、汉民族的文化接触范围不断扩大，其政治渐趋稳定，清统治者对服饰制度进行了多次改进和补充。据《大明会典》记载，几次服饰定制主要有《顺治二年定官员士庶冠服制》《顺治十八年准戴翎制》《康熙元年题准服饰制》《康熙三年题准补子制》等。

《清史稿》舆服二：崇德二年，谕诸王勒曰："昔金熙宗及金主亮废其祖宗时冠服，改服汉人衣冠……我国家以骑射为业……嗣后凡出师、田猎，许服便服，其余悉令遵照国初定制，仍服朝衣。"

对于不同品级文武官的服饰质料都有非常严格的规定：（崇德二年）文一品朝冠，顶镂花金座……文五品……通身云缎……五品官以下唯京堂、翰詹、科道得用貂裘、朝珠……文八品朝服色用石青云缎，无蟒……命妇朝服仍然沿用明制，规定如下：（洪武五年）一品，礼服……大袖衫……纻丝绫罗纱随用……常服……长袄长裙，各色纻丝绫罗纱随用……六品大袖衫，绫罗紬绢随用……长裙……其八品、九品礼服，唯用大袖衫，霞帔、褙子……二十四年定制，一品至五品，纻丝绫罗；六品至九品，绫罗紬绢。

可见云缎和纻丝绫罗为高档衣料，普遍用于上层阶级，到了平民百姓则只有禁令：顺治三年，定庶民不得用缎绣等服，满洲家下仆隶有用蟒缎、粧缎、锦绣服饰者，严禁之。……康熙元年，定军民人等有用蟒缎、粧缎、金花缎、片金倭缎、貂皮、狐皮、猞猁狲为服饰者，禁之。……三十九年，定八旗举人、官生……许服平常缎纱。天马、银鼠不得服用。……官员军民服色有用黑狐皮、秋香色、米色、香色……于定例外，加罪议处。

可见，蟒缎、粧缎、锦绣、金花缎、天马、银鼠、黑狐皮、片金倭缎、貂皮、狐皮、猞猁狲等上等衣料，平民是无缘穿着的，红缎、紬绢、布袍、平常缎纱等织物使用限制小。

《红楼梦》中贾府这样"白玉为堂金作马"的富贵人家，丫鬟仆人都是"遍身绫罗"，所以作者在描写衣服用料上可说是丰富多彩。有时下人也会穿着一些精致面料的衣服，如第五十一回中，凤姐命平儿将一件"石青刻丝八团天马褂子"拿出来给了袭人。这也是有特定原因的，袭人是宝玉的大丫鬟，身份为妾，她此行是要回家，她的穿戴自然代表了贾府的门面，但是从根本上说，并没有缩短等级差距。

第六章 《红楼梦》服饰与人物性格

曹雪芹在红楼梦中所描写的活生生的人物形象，很多是从其衣装打扮入手。他常用简单的一句与服饰有关的描述去勾勒了一个人的特性。曹雪芹的服装美学观建立在人物气质、人物个性、贫富贵贱的基础上。对于主要人物的描写，有时由表及里、从上到下，从服装的款式、色彩、材质、首饰、音容笑貌入手，对人物刻画得淋漓尽致；有时却是简单的一笔仅从服饰方面勾画出一个人物、一个阶层。曹雪芹写林黛玉进荣国府，从林黛玉的内心世界出发，写出了荣国府的奢华富贵。

“门前坐着十来个花冠丽服之人”“这几个三等仆妇，吃穿用度，已是不凡”，和后面描写的“台阶上坐着几个穿红着绿的丫头”，都是描写贾府下人的穿着。“门前”“三等”“台阶上”是描写下人的等级和环境，但是在衣着上又是“华冠丽服”“已是不凡”“穿红着绿”，从此点明了奴仆尚且如此，反衬出贾府的奢侈豪华。从奴仆的穿着衬托贾府的奢靡生活，比直接描写还要来得巧妙。

进而又细致刻画了府中众多鲜明而迥异的人物性格特征。曹雪芹善于从服饰入手描写人物性格，以服装美表现服饰人格，而且写得淋漓尽致。例如，写王熙凤的衣装打扮前，写几位姑娘的衣着，和王熙凤形成了对比，这是为了衬托王熙凤埋下的伏笔。

写迎春“肌肤微丰，合中身材，腮凝新荔，鼻腻鹅脂，温柔沉默，观之可亲。”是为写迎春的性格埋下伏笔，迎春在姐妹中的美貌和性格并不出众，提及她的几个事件“懦小姐不问累金凤”和司棋被逐以及她遭受的不幸婚姻，都是她的温柔软弱、不争不吵的性格造成的。

写探春“削肩细腰，长挑身材，鸭蛋脸面，俊眼修眉，顾盼神飞，文采精华，见之忘俗。”写出了探春不俗的俊美和风采，作者后文说“敏探春兴利除宿弊”，连人精王熙凤也夸赞她“好个三姑娘”，她主持大观园改革，成了经世致用之才；她精明决断、仗义执言，敢于整治肆意妄为的奴才，反对王夫人和凤姐的抄检大观园行为；她趣味高雅，能诗善书，创建诗社，是大观园少有的才女；她所居住的秋爽斋，开阔大气，常年不见脂粉香，反而是名帖字画、砚台毛笔等常伴左右。

写惜春“身量未足，形容尚小。”几个字交代了惜春尚且年幼。后面“钗环裙袄，三人皆是一样的妆饰”一句，表现出三个女孩的亲近和整齐划一的大家闺秀的端庄娴静，以及温文尔雅的风度美。连同元春在内的四个姐妹，名字连起来“元、迎、探、惜”（原应叹息）或许是作者对几个女孩命运的惋惜之意。

三个姑娘出场后，笔锋一转紧接着是对王熙凤浓墨重彩的着装描写，前文已做说明不再赘述。突出表现了王熙凤“琏二奶奶掌权人”的风范。又如宝黛服饰的描述，从“头上挽着随常云髻，簪上一枝赤金扁簪，别无花朵”，一句就可见黛玉的脱俗超群、清新飘逸的形象。“头上戴着束发嵌宝紫金冠，齐眉勒着二龙抢珠金抹额，穿一件二色金百蝶穿花大红箭袖，束着五彩丝攒花结长穗宫绦，外罩石青起花八团倭缎排穗褂，登着青缎粉底小朝靴。”一个世家大族公子的形象就跃然纸上了。

以下就书中几个主人公的服饰描写按节分析说明。

第一节　贾宝玉的服饰

书中贾宝玉的服饰是作者着墨最多的，几处描写更是从头到脚细细交代（图6–1）。

宝玉出场一幕：

“……已进来了一位年轻的公子：头上戴着束发嵌宝紫金冠，齐眉勒着二龙抢珠金抹额，穿一件二色金百蝶穿花大红箭袖，束着五彩丝攒花结长穗宫绦，外罩石青起花八团倭缎排穗褂，登着青缎粉底小朝靴。”

图6–1　贾宝玉

连用了紫金冠、金抹额、金百碟，衬托出一种富丽堂皇之感，大红箭袖，五彩腰带，外面石青褂，以石青来压红，青缎朝靴呼应石青。百蝶穿花图案用于宝玉和凤姐首次隆重亮相的服装中，一则与现存北京故宫博物院的香色缎织五彩百碟锦袍制作于乾隆早期江宁织造的实物大致出现的时间相近，是对现实的还原，二则用于宝玉身上符合他的反对封建社会“男尊女卑”的思想，喜欢亲近女子的叛逆性格，用于凤姐则凸显出这位年轻美妇如“百蝶穿花”般游刃有余地胜任贾府当家人的身份。八团倭缎排穗褂从款式上看大团花图案比较醒目，行动处下摆的排穗动感十足，脚上“小”朝靴，表现了青年公子的翩翩风度和活泼天性。

此套服饰为宝玉从外面到家来的正式礼服，接着给祖母和母亲请过安，便换了一身居家的服饰。“头上周围一转的短发都续成小辫，红丝结束，共攒至顶中胎发，总编一根大辫，黑亮如漆，从顶至梢，一串四颗大珠，用金八宝坠角；身上穿着银红撒花半旧大袄，仍旧带着项圈、宝石、寄名锁、护身符等，下面半露松花撒花绫裤腿，锦边弹墨袜，厚底大红鞋。”

这套服饰头上红丝、银红袄、大红鞋连用了三个红，突出了主色调的跳跃和热烈。此时摘下了冠，头发编成了小辫和大辫，加上珍珠和金八宝饰品，项上的项圈、宝石、寄名锁、护身符，可见宝玉的年纪尚小、稚气未脱。

锦边弹墨袜调和厚底大红鞋，色彩上和谐而悦目，搭配全身耀眼热烈的便服和各种材质的配饰，使这位富家公子的风度越发翩翩动人。何怪黛玉看了觉得他“一段风骚，全在眉梢；万种情思，悉堆眼角。”

其他有关宝玉的服饰描写还有很多，举例如下：

一、冠服

第十五回中宝玉和北静王初会面，宝玉戴着束发银冠，勒着双龙出海抹额，穿着白蟒箭袖，围着攒珠银带。这身装束色彩是白色、银色，色彩明快干净，衬托出这个十几岁的贵族少年面若桃花，目如点漆。此时宝玉回看北静王，头上戴着洁白簪缨银翅王帽，穿着江牙海水五爪龙白蟒袍，系着碧玉红鞓带，同样也是白色调，同样给宝玉的感官是面如美玉，目似明星。有时候色彩运用少即是多，作者是善于恰如其分地用色的，这一回场景中的基调决定了人物服饰的主体色调，而借助于简单的白色反衬出两个少年的眉清目秀。

另一场写宝玉冠带服饰是他来宝钗处探病，近距离地来到宝钗的里间，宝钗见他头上戴着累丝嵌宝紫金冠，额上勒着二龙抢珠金抹额，身上穿着秋香立蟒白狐腋箭袖，系着五色蝴蝶鸾绦。这处着笔于交代出材质的讲究。累丝嵌宝前文有分析，是当时流行的高级工艺，抹额上是二龙抢珠，身上用的白狐腋下毛皮最珍贵细密。这样一个华冠丽服的英俊少年，又是对女子十分尊重的品性，也没有贵族公子的纨绔做派，甚至甘愿为丫鬟充役（为麝月篦头，任晴雯故意撕扇为博一笑，惦记身边伺候他的人爱吃什么……）才会使向鸳鸯逼婚不成的贾赦无端怀疑鸳鸯恋着宝玉，贾环也说彩云怕是喜欢宝玉。宝玉也是觉得自己很受女孩欢迎，因此对他的存在“毫不感冒”的龄官和贾环的丫头彩云的表现，着实让他心里纳闷。其实是这两个女孩子有了意中人的缘故。

宝玉的几套服装都是穿箭袖，英气利落，比较符合宝玉的形象设定，而不是宽松的长袍这种儒气文雅符合读书人穿着的装束，而本身宝玉有些稚气未脱，性情灵动，不喜读书和追求仕途。

二、便服

第四十五回，一个雨天宝玉来看望黛玉，宝玉脱下蓑衣，里面只穿半旧红绫短袄，系着绿汗巾子，膝下露出油绿绸撒花裤子，底下是掐金满绣的绵纱袜子，靸着蝴蝶落花鞋。黛玉说上面怕雨，下面鞋袜是不怕雨的。宝玉讲这一套还有一双棠木屐，再加上斗笠和蓑衣，就是一套讲究的雨服了。宝玉里面的服饰色彩很亮丽。红袄搭配油绿裤子，系同色的腰带，大面积是红绿补色的强对比，点缀上袜子少量的掐金绣，撒花和蝴蝶纹样相映成趣，凸显出宝玉的生动活泼。

另一次第六十三回寿怡红群芳开夜宴，算是年轻人的欢乐派对，没有长辈在，大家无拘无束地玩闹。宝玉与芳官猜拳，这时宝玉里面只穿着大红棉纱小袄子，下面绿绫弹墨夹裤，散着裤脚。大红小袄也是搭配绿色裤子，红绿对比中以少量弹墨来点缀，散着裤脚表达出此时的畅快自由。接着说当时芳官满口嚷热，只穿着一件玉色红青酡绒三色缎子斗的水田小夹袄，束着一条柳绿汗巾，底下是水红撒花夹裤，也散着裤腿。断句是“玉色 ｜ 红青 ｜ 酡绒 ｜ 三色缎子 ｜ 拼的 ｜ 水田 ｜ 小夹袄”，玉色为极浅的绿色，红青指泛红的黑色，酡绒即驼茸，深黄赤色，水田衣是用各色碎布料拼缝起来的衣服，往往每个小块是同等大小。芳官这件水田夹袄的颜色有些特点，红青酡绒三色比较深，而玉色又极浅，再搭配柳绿汗巾子水红花裤子，觉得不大协调。但是拼布工艺往往可以通过色彩的打乱分割达到意想不到的效果。宝玉和芳官两人的着装款式是很类似的，色彩是很和谐的，加上此时芳官梳着男孩子的发式，才引得众人直说像两个兄弟。

三、华丽的冬衣

一处写宝玉只穿一件茄色哆罗呢狐皮袄子罩一件海龙皮小小鹰膀褂；另一处贾母见宝玉身上穿着荔色哆罗呢的天马箭袖，大红猩猩毡盘金彩绣石青妆缎沿边的排穗褂子。哆罗呢是西方进贡来的呢绒，绝非一般人能够服用，大红配盘金彩绣更显贵气十足，以清代的高级色石青色外褂来压红，是作者常用的配色形式，尤其用在宝玉和凤姐身上，形成一种视觉冲击。排穗褂的流苏更显人物灵动。另一处宝玉穿的是大红金蟒狐腋箭袖，外罩石青貂裘排穗褂。狐腋和貂裘为高档皮毛，大红金蟒外罩石青色的配色与上相同。

还有那件留在人们记忆中的大红猩猩毡斗篷，书中的猩红，有王夫人室内的“猩红洋罽”、凤姐生日宴的一身猩红，还有芦雪庵的猩红毡帘，尤氏炕上的新猩红毛毡。贾府中猩红无处不在，并且常常随着太太、老太太出现，成为整个红楼色调里高贵富丽的颜色。猩红的厚重、浓重，像大户人家搅不开的荣耀，从贴身小袄到被单地毯，照耀着贾府烈火烹油、鲜花着锦的日子。第四十九回琉璃世界白雪红梅，众人齐着猩猩毡斗篷正值家族繁盛之时。也在最后的部分，宝玉光着头，赤着脚，身上披着一领大红猩猩毡的斗篷，向贾政倒身下拜。随后消失于茫茫荒野，都是映着雪色红白分明，都是雪中人身着斗篷。从繁华至极到寥落至极，反差巨大，两相辉映，那最后一抹猩猩红点缀着千回百转不免苍凉的红楼命运。

从宝玉的着装来看，作者为了突出这一主人公的性格特点，在服饰的描写上颇费笔墨，常常是写他的整体服饰打扮。衣冠穿戴都十分讲究，用料也颇为高档。

曹雪芹事先为贾宝玉一角设定了红色作为其基调与背景，这一点是非常明确的。首先他在天上的身份是赤瑕宫神瑛侍者，一个“赤”字，便点出了“红”。而后宝玉降生到凡间，少年时自诩“绛洞花王”，并将自己居所题为“绛芸轩”，一个“绛”字既点出了与林黛玉的前身绛珠草之联系，同时又再次围绕着“红”

字。宝玉将绛珠草视为花王，足见对黛玉的情有独钟。大观园中贾宝玉的住所怡红院，以及后来在诗社所起的“怡红公子”之号无不在提示这位贵公子是爱红之人，更不用提贾宝玉之“陋习”——吃丫鬟嘴上之红了。贾宝玉之爱红无疑与曹雪芹本人对于红色的偏爱有着密切联系。周汝昌先生曾说:“雪芹是有红则喜（怡红），失红即悼；与红相依为命”。曹雪芹的祖父曹寅有《咏红述事》一诗，系五言长篇，每句都使用了红的典故，可见曹寅对红色有偏嗜。宋淇先生猜测，曹雪芹正是利用了这一家族资源，并加以夸张，将红色融入宝玉的性格之中，使宝玉爱红成迷，变为他人生哲学与实际生活的一部分。于是我们常常在《红楼梦》中可见贾宝玉作红色的装扮，如初见宝黛，宝玉先穿“一件二色金百蝶穿花大红箭袖”，稍后又换为“银红撒花半旧大袄”，脚上“厚底大红鞋”。贾宝玉的“红色”性格特质“爱红”，归根结底是对“红颜女子”的一腔毫无瑕疵、纯真热烈的赤子之爱。

贾宝玉性格中稚气的一面，恰如红釉中色泽较浅的霁红，霁红中的淡粉色又称胭脂水，活脱脱描绘出一个只在脂粉堆里打交道的公子哥儿。这种红色有一种稚气未脱的干净感觉，正是少年情性一派欢喜不知忧愁的写照：“那宝玉的情性只愿常聚，生怕一时散了添悲。那花只愿常开，生怕一时谢了没趣。及到筵散花谢，虽有万种悲伤，也就无可如何了。”宝玉在雪地里最后的红色背影，也许就是当日与众姝在雪地里穿过的那件猩红斗篷，传说红染料要用猩猩血色来调才稳得住，那真是一种凄伤到极点的顽劣颜色，却最适合宝玉来穿，只是此时此刻的红，宝玉这一生都是在燃烧，那红烧到了极致也就成了灰，这便是红色的命运，也是红颜的命运，更是宝玉的宿命所在。

贾宝玉是《红楼梦》中的中心人物。作为荣国府嫡派子孙，他出身不凡，又聪明灵秀，是贾氏家族寄予重望的继承人，包括父母亲、宝钗、袭人在内的身边人都每每劝诫宝玉好好读书继承祖德建立功业，但他的思想性格却是“离经叛道”的。他反对科举制度，鄙弃功名利禄，不喜欢接触贾雨村这些仕途中人。对于袭人和宝钗的规劝很是反感，觉得黛玉从来不说这些“混账话”。他既不克勤克俭，遵循平庸的仕宦传统，也不昏迷酒色，像贾珍、贾赦、贾琏等族人，混入荒淫可耻的纨绔之群，他表现出一种逸出常规超脱现实的姿态。在封建卫道士的父亲贾政的眼中他是“淫魔色鬼”，母亲的眼里是“孽根祸胎”“混世魔王”，这些都是具有传统封建思想的人眼中的宝玉，然而从宝玉的男女平等、不分主仆尊卑、憎恶封建礼教、追求思想自由、婚姻自由等方面可见，他具有强烈而突出的超越传统的反封建思想，作为封建贵族后代的公子具备这样的不同流合污的思想境界是多么可贵呀！

然而由于一家之长的贾母的宠爱，生活空间的狭小，使宝玉在较长时间内保持着一种思想上的懵懂状态，一方面造成了他对世事的无知，另一方面也避免了在生活习性上染上封建贵族子弟惯有的恶习。而《西厢记》《牡丹亭》和古典诗词等优秀作品对思想的启蒙和审美趣味的熏陶，使他情感世界随着年龄增长日趋丰富，但又始终保持着难能可贵的纯洁。宝黛共读西厢，同怜落花，聪敏灵秀，保有的自我意识等方面都是志同道合的，因此他们会互为知己。

宝玉的种种不肖和“情痴”形象的基础主要建立于思想的独立。他的“痴”“狂”，正是对于封建贵族阶级的政治大事，对维护本阶级的事业所表现出来的不满和厌弃态度，而这又是与他所关注的，对于被轻视的女性，对于被压迫奴仆们的接近与同情联系在一起的。

贾元春被封为凤藻宫尚书，加封贤德妃，维系着贾府的政治、经济上的荣辱和盛衰，整个家庭都沉浸在受宠若惊的欢庆气氛中，但“独有宝玉置若罔闻”“视有如无，毫不曾介意”，而为秦钟的疾病“怅然如有所失”。接着，贾府主子们借元妃省亲的余威，歌舞升平，大肆庆祝，而宝玉却悄悄地越出贾府的围墙，溜到了丫头袭人的家中做客。

第四十三回，在贾母的倡导下，贾府上下人等为凤姐庆祝生日，宝玉和凤姐本就关系非同一般，但他对此并不在意，一清早就“遍身纯素”，到郊野去祭奠被迫害的丫头金钏。

他把“文死谏”“武死战”的忠君举动斥为沽名钓誉的“胡闹”，把封建官吏骂成“国贼禄鬼”，还公然以说不说“仕途经济”一类的“混账话”作为友谊和爱情的标准。凡此种种，均表现了他对本阶级政治的不满和厌弃。

宝玉的形象特征正是他性格的充分体现，他很喜欢和女子们玩在一处，甚至喜欢吃胭脂之物，可见他在某种程度上带有些女性的性格，又因为他是一个贵族公子哥儿的身份，所以喜欢穿得整齐而光鲜照人，再有他的情感有点泛爱的味道，因此通过服饰这一直接的外在表现形式来达到引人注目的效果。但是这只能是影响他服饰穿着的一个非主要因素，因为当时的社会背景和服饰制度对于富贵大家的影响应该是直接的。

第二节　林黛玉的服饰

林黛玉形象则更多地体现了一种悲剧的美和优秀文化的诗意（图6-2）。林黛玉的父亲林如海，虽然也是侯门后裔，但是不能和贾、史、王、薛四大家族的权势相比。林黛玉成长的家庭是一个知识分子的中等家庭，黛玉自幼又失去了母亲，所以她没有像一般大家闺秀那样从母亲那里受到礼教妇德的熏陶和训练。因此封建礼教和世俗功利对她的影响十分有限，她保有着纯真的天性，爱憎分明，我行我素，很少顾及后果得失。父亲对她特别疼爱，专门请了老师来教书，却又因她体弱，不能严格课读。这就是说黛玉自幼孤独、任性，这种性格最不宜寄人篱下，可她偏偏不得不依傍外祖母生活，只好寄居在声势显赫的荣国府里。环境的势利与恶劣，使她自矜自重，警惕戒备；她具有聪慧的头脑和高人一等的才情，她目无下尘，孤高自许，使她用直率与锋芒去抵御、抗拒侵害势力，以保卫自我的纯洁。为此时有动气，她是敏感的，尤其对和她从小玩大的宝玉，她虽视宝玉为知己，但是绝不容许包括他在内的任何人来轻视她，她始终没有屈服于环境和封建势力的压迫，保持着高度的人格独立，不容侵犯。这是与当时女子无才便是德的封建礼教不相容的，而赏风月，作诗词，不过被认为是一般富贵小姐无聊消遣和多余的点缀，因此她的才华不会被看作是给宝玉择妻的一个标准。更不必说允许一个姑娘去自由恋爱了。这些都必然导致黛玉的悲剧结局。

图6-2　林黛玉

黛玉已习惯孤独，有宝玉就够了，而宝玉从小是被众人捧在手心里长大的，是家族中最中心的人物，光是伺候他的丫头就分三等，十几个，偶尔“越权”进屋给他倒水的三等丫头小红他都没有见到过。宝玉太不孤独，永远有众多女孩子围绕着他。他也喜欢在女孩堆里厮混，这与黛玉的“专情”必然发生众多冲突，发展出很多跌宕起伏。虽然宝玉和黛玉有着共同的对封建世俗官场的鄙视，对追求自由生活的向往，他们有着共同的思想根基，所以才会有共同喜欢看的书，对“金玉良缘”之说的反抗，怎奈当时的大环境对于他们这种对于婚姻自由的思想是不接纳的。结果黛玉以自己脆弱的生命去尝试那个年代的冷酷摧残，也正是这样的人物特征才会震撼世世代代的读者来同情和喜爱她。

黛玉是美的，从初次进贾府王熙凤的言语中，薛蟠见黛玉的情景中，还有宝玉认为在身边众多的女孩子中没有稍及黛玉的。但是在宝、黛关系中，作者并不强调黛玉之美貌这一点。作者曾刻画出宝玉如何迷醉于宝钗的一只肥润柔美的手臂，又如何偶然受到了鸳鸯的粉嫩的颈子的诱惑，然而对黛玉，他只是第一次见面时发现她有着微微颦锁的双眉。宝玉曾说她像个神仙，却没有说她是美人，她的美是病态的，脱俗的。不同于宝玉生活中随处可见的珠光宝气、腻绿肥红，黛玉幽僻的生活，奇逸的文思，对官场的不屑都给了宝玉前所未有的共鸣和满足。

一个“黛”字既显示了她与宝玉之缘，又表明了她的身份。因“黛”是一种深青色的颜料，恰与她前世的草木之色相符，而“黛”又常为女子画眉之用，所以有“黛眉”之说，因此宝玉甫见黛玉，便给了她一个表字——颦颦。黛玉所居的潇湘馆，“几杆竹子隐着一道曲栏，比别处更觉幽静”。就是在这种细节之处，仍可见雪芹匠心，无论是庭院布置、花草栽种，还是室内装饰都配合着人物的性格，潇湘馆的竹林，“凤尾森森、龙吟细细”，无疑是在配合这位“草胎卉质”的佳人了。竹韵之雅，竹叶之青，无不在暗示黛玉性情之来历。从黛玉的着装中也流露着她的脱俗超群之感。她具有孤苦无依的身世、处境，又有因为从小读书识字而具有的高洁思想品格，可说是书中的才女。

书中对黛玉的服饰描写列出如下几处：

出场：两弯似蹙非蹙含烟眉，一双似喜非喜含情目。娴静时如姣花照水，行动处似弱柳扶风。心较比干多一窍，病如西子胜三分。黛玉的出场更多是通过眉目神情的传达，衬托出黛玉的脱俗气质。

一处写黛玉身上穿着月白绣花小毛皮袄，加上银鼠坎肩，头上挽着随常云髻，簪上一枝赤金匾簪，别无花朵，腰下系着杨妃色绣花绵裙。黛玉这一套主色银、白配淡粉色，色彩清丽淡雅，反映她不同流俗、无所掩饰的个性和“潇湘妃子”清新飘逸、超脱自然的气质。

再有，黛玉换上掐金挖云红香羊皮小靴，罩了一件大红羽纱面白狐狸里的鹤氅，束一条青金闪绿双环四合如意绦，头上罩了雪帽。前面是说李纨的丫鬟来请，黛玉同宝玉要一起前往稻香村赴诗社，在这场冬日的斗篷盛宴中黛玉的着装，色彩热烈，羽纱和白狐狸皮都是高档的材质，艳丽精致的掐金挖云纹样的红羊皮小靴呼应大红色鹤氅再配上青金闪绿如意绦，体现出黛玉的青春浪漫。也表现了在当时的背景下，宝黛关系已进入平和期，之前的怄气和误会已经解开，在白雪世界中同宝玉一起赴一场浪漫的诗会，怎能不让俏丽多才的美女诗人欣喜，而去好好打扮一番呢！从另一处黛玉外面罩着大红羽缎对襟褂子，可见黛玉是喜欢大红这种热烈的青春色彩的，正是表明黛玉性格中的热情坚定，并非一些评论中所说黛玉的才女气质配合的服饰是素雅的。

第三节　薛宝钗的服饰

四大家族之一的薛家家资富裕，薛宝钗有着优越的生活环境。她容貌美丽，肌骨莹润，举止娴雅（图6-3）。虽通诗书但是恪守封建妇德，热衷于“仕途经济”，每每规劝宝玉立身功名。她城府颇深，精明深虑，温和豁达，能笼络人心，虽然是借住在姨妈家，但是却能很快在贾府这样人口众多关系复杂的环境中左右逢源，得到贾府上下的夸赞，在第五回中就出现了“小丫头们亦多和宝钗亲近”的情况，可谓很会做人。她的这些品格自然成为长辈们中意的宝玉之妻人选。

图6-3　薛宝钗

宝玉是欣赏美的，所以也想亲近这个姐姐，才会屡屡惹出黛玉的醋意，然而宝玉对宝钗是一种外在的喜欢，源于他对于一切美丽事物的关注和喜爱，并非是与黛玉的心灵相通，意气相投。因此才会有那么多次的宝黛矛盾冲突，宝玉表明心迹的桥段。这不能怪黛玉偏狭，宝钗有母亲哥哥疼爱，有自己的家私财产，有“金玉良缘”的说法，她的姨妈也就是宝玉的母亲王夫人是贾府的管事太太（王熙凤实际是在替王夫人理家，一些大事情是要过问王夫人定夺的），便不须怨懑，只需做好一个有德有才的“大家闺秀”。因此才会不时地对涉及三人的敏感问题上常常“并未察觉”“佯装不知”，因为她所具备的有利条件是不需要自己费心思的。就算宝黛两小无猜、两情相悦，然而却很难突破封建社会父母之命的枷锁，黛玉没有父母可以依靠，又是寄居在外祖母家，意中人更是声势显赫的荣国府未来继承人，贾府备受宠爱、寄予厚望的嫡孙，宝玉又是个多情的，因此不由得她一直悬心，多加猜疑。

薛宝钗的家庭是有十足的理由装扮自己的，可是她的服饰却比较随便。《红楼梦》三次写到她的服饰。一次在家做针线活，“家常打扮，头上只挽着纂儿”，一次在家闲坐，“头上挽着黑漆油光的鬓儿，蜜合色绫子棉裙，一色半新不旧”，都是成色不新、色彩不艳，唯有朴素淡雅。这以不见奢华，唯觉淡雅为审美特征的服饰，恰与宝钗的性格融为一体，衬托出了她品格端方，随分从时，罕言寡语，自云“守拙”的性格。第四十九回稻香村聚会，众人多是穿着大红斗篷踏雪走来，此次是宝钗唯一的一次大妆，穿一件“莲青斗纹锦上添花洋线番巴丝的鹤氅”，虽然质料昂贵，可能还是洋货，从中能窥见其皇商家小姐的身份。但她不似其他小姐那样极尽富贵阔绰，尽展娇艳华丽，只有她和单身母亲李纨还有家境不好的邢岫烟不是服色艳丽的，这与她的性格仍然一致。

宝钗另一处的穿着，“蜜合色棉袄，玫瑰紫二色金银鼠比肩褂，葱黄绫棉裙。”柔和淡雅的色调同她的举止和神态始终一致。唯有一次宝玉想看她的金锁，解下金锁时内里露出大红袄来，因此宝钗也有热烈的一面，然而确是很难为人察觉的或者说是藏在她平和素雅的外表下的。

她不爱脂粉，不爱奢华，用贾母的话来说绣房陈设简单得如“雪洞”一般；不爱多言，不爱出头，看着是“装愚守拙”，但一开口又是“万无一失”。元春从宫里送出的灯谜本不新奇，她故意说难猜；贾母要她点戏点菜，她就迎合贾母口味，专点热闹戏和甜烂食品。王夫人因撵了身边的丫头金钏导致她投井自尽，王夫人将自己的自责说给宝钗，宝钗则是完全不管客观事实，只从宽慰王夫人的角度说是金钏自己不慎投井的，跟王夫人没有关系。小红和丫鬟私语的心事不慎被宝钗经过时听见，她的反应是嫁祸给并不在场的黛玉。这种灵机不是一般女孩所能有的，而她展现的是她圆滑背后的"装愚"，是一种老练的处事态度，是同黛玉的直接和坦荡截然相反的。薛姨妈请周瑞家的给姑娘们送宫花，盒子里最后的两只送到了黛玉那里，黛玉直截了当地表示，别人不挑剩的不会送给我，说得周瑞家的无言以对。薛姨妈请宝黛吃饭，因怕宝玉多吃酒李嬷嬷担心自己被怪罪，加以劝阻，黛玉则说老太太时而也准宝玉吃酒，李嬷嬷再加劝阻，黛玉说是不是当姨妈家是外人才不准喝的，说得她哑口无言。书中多处可见黛玉的口才是很厉害的，然而她的灵机不是建立在为维护自己的利益而损害别人，或者歪曲事实和逢迎谁的基础上的，是一种简单的无伤大雅的小女孩的小心思、小顽皮。

宝钗心中理想的丈夫是功名富贵中人，所以她比贾宝玉的父母更感觉到宝玉离经叛道的危险倾向，她每每抛出家族期望长辈专宠的话语，不断地以自己少女的妩媚和婉转的言辞，规谏宝玉改弦易辙，在原来他所厌恶的事情上用功夫，劝他"留心功名仕途""走上正路"。

从她穿着上的随意和朴实，很容易给人一种亲和、易接近的感觉，她靠这种亲和和豁达来拉近与别人的关系，体现出一种封建女性所特有的简朴持家的性格，从而博得了贾母、王夫人和贾府众人，甚至是下人们的好感。黛玉与宝钗实则是书中的情敌，然而他们的性格是完全背驰的。王昆仑老师这样精辟总结道："宝钗在做人，黛玉在作诗；宝钗在解决婚姻，黛玉在进行恋爱；宝钗在把握现实，黛玉沉酣于意境；宝钗有计划地适应社会法则，黛玉任自然地表现自己的性灵；宝钗代表当时一般家庭妇女的理智，黛玉代表当时闺阁中知识分子的感情。"于是环境容纳迎合时代的宝钗，扼杀违反现实的黛玉。

第四节　王熙凤的服饰

凤姐是红楼中一个典型性的人物，作者对于凤姐的刻画是立体的、多个侧面的（图6–4）。我们通过冷子兴同贾雨村演说荣国府、周瑞家的跟刘姥姥介绍凤姐和兴儿将凤姐说与尤二姐的话语中，可以看出凤姐人美、嘴利、能力强、心眼儿多、对下人严厉。她年纪轻轻就能够成为显赫的荣国府当家少奶奶，走到聚光灯下，自然会成为众人品评的焦点。然而不同事件中从不同的角度来评说凤姐，恐怕上述这些还不足以涵盖她的全部性格特征。

图6–4　王熙凤

作者为凤姐的美貌配上华美时髦的服饰，使黛玉初见时有恍若神仙妃子之感。凤姐的首次亮相，前文已做详细说明，在此不再赘述。她是懂得运用美貌和服饰美去为个人形象做渲染的，黛玉进贾府，见了一大屋子人，唯独觉察凤姐与众人不同，无论是个人形象还是言谈举止，在注重礼数的封建大家庭中能够保有一些独立的个性是不容易的。

我们单来分析凤姐能够成为荣国府的当家人似乎个中早有王夫人的运筹帷幄。贾琏是贾赦之子，凤姐和贾琏本来是在宁国府的，然而王夫人不大管家，借此将自己的内侄女凤姐安排来荣国府当家，因贾母住在荣国府，自然荣国府是两府的中心位置，便是贾家的中心了，她只有交给自己娘家人才放心。等将来宝玉成家立业后也好接管，事实上来说凤姐和宝玉关系也是极好的。后面王夫人又和薛姨妈共同谋划和促成了宝钗和宝玉的婚事，选定的儿媳妇依然是娘家人，不管宝玉心里是不是接受。而经常念佛心善的王夫人却是毫无辩驳地冤枉了包括晴雯、芳官、金钏等一众无辜的女孩子，最终酿成了她们悲惨的命运。

王夫人在贾府的地位是很高的，她身为贾母唯一一个在正道仕途上克俭职守的儿子的正妻，并生有二子一女，虽贾珠早逝，然而女儿尊为贵妃，儿子为贾母宠爱嫡孙，她本就出身名门贵族，哥哥官居高位，自是身份尊贵。

然而除了王夫人的委任，凤姐实际的能力强也是大家公认的，从秦可卿去世，凤姐协理宁国府便可看出，凤姐是属于那种敢于承担重任，接受挑战的人，这些都是现今的领导喜欢任用的类型，秦可卿赞凤姐是脂粉堆里的英雄，并不为过。凤姐要强、怕人褒贬的个性，使她工作中十分卖力。几处说到，尽管很累、尽管病着，却依然强撑着工作，说明她对待工作是竭尽全力、认真负责的。协理宁国府这件事，也是完美收官的。

凤姐对于不堪的公公和只会一味顺从的婆婆是不满的，对于公公想纳鸳鸯为妾的这件事，她的立场是明确的，当然以她儿媳的身份是不好做得太露的，然而她能够站在奴仆鸳鸯的立场来对待这件事情，并不是任由公婆的主意帮他们办事，可见凤姐是有正义感的。

凤姐出资赞助年轻人的诗社，虽然她文化程度不高，但也抽空凑趣来和姑娘们一道作诗，作出“一夜北风紧”的题头，可见她喜欢同众姐妹联络感情、亲和的性格。

凤姐任用有才能无处施展的宝玉屋里三等干粗活的使唤丫头小红，收作身边的丫头，给她施展能力的空间。接济家境贫寒的邢岫烟，凤姐见岫烟心性为人，竟不像邢夫人及他的父母一样，却是温厚可疼的人，因此凤姐又怜她家贫命苦，比别的姐妹多疼她些，她在贾府本是客人，凤姐还破例给她发月例银子。取了一件大红洋绉的小袄儿，一件松花色绫子一斗珠儿的小皮袄，一条宝蓝盘锦镶花绵裙，一件佛青银鼠褂子，包好叫人送与岫烟。

刘姥姥初次来打秋风的时候，只见门外錾铜钩上悬着大红撒花软帘，炕上大红毡条，靠东边立着一个锁子锦靠背与一个引枕，铺着金心绿闪缎大坐褥，凤姐的居所可谓富丽堂皇，影视剧中我们印象最深的是凤姐的秋板貂鼠昭君套，围着攒珠勒子，配上桃红撒花袄和石青刻丝灰鼠披风，大红洋绉银鼠皮裙，整体的色彩是大红色调，粉光脂艳，美艳逼人的。锁子锦、洋绉还有凤姐屋里的挂钟等都是洋货，凤姐的父辈和爷爷一辈是做对外贸易的，家里有一些洋货是正常的，也说明贾府陈设用度的富丽奢华。身份地位的巨大悬殊，造成了刘姥姥的怯懦心理。从凤姐端端正正坐在那里，手里拿着小铜火箸儿拨手炉内的灰，体现出她并不太在意这个刘姥姥和这点小事。

然而在同刘姥姥的交谈中，她逐渐拉近了和刘姥姥的距离，请刘姥姥给自己的爱女取名字，周济刘姥姥。以至于将刘姥姥认作自己和女儿的贵人，最终将巧姐托付给刘姥姥，可见凤姐是有善良和真的一面的。

凤姐可说是贾母的开心果，作为孙媳妇，凤姐能够不时地逗老太太开心一笑，也是她孝顺的表现。贾母是何等的心明眼亮，贾赦和贾琏做事不堪，贾母虽不管家事但却心知肚明，当众给以严厉的训斥。她原来屋里分给宝玉的丫头袭人、晴雯，分给黛玉的紫娟，还有她身边的鸳鸯，哪一个不是能力卓越且忠心护主没有二心的，足见她认人很准。贾母能够一直疼爱凤姐，可见她并不是因为贾母的家族地位而表面逢迎做文章的。

对王熙凤的评价当然应该是多方面的，她作为贾府的大管家，高踞在贾府几百口人的管家宝座上，权势之大，使她产生了窃积财富的贪念。她除了贪婪索贿外，还靠迟发公费月例放债，光这一项就翻出几百甚至上千的银子的体己利钱来。抄家时，从她屋子里抄出五七万金和一箱借券。王熙凤的所作所为，无疑是在加速贾家的败落。“弄权铁槛寺”为了三千两银子的贿赂，逼得张家的女儿和某守备之子双双自尽。她得知丈夫偷娶了尤二姐，一身素装“头上皆是素白银器，身上月白缎袄，青缎披风，白绫素裙。”放低身段，接二姐入府，最后设计害死了尤二姐以及她腹中的胎儿，最后落得个“机关算尽太聪明，反算了卿卿性命”的下场。

这位贾府的管家奶奶，作者塑造了一个有血有肉、有声有色的凤姐形象，给读者以深刻的印象。

有她美貌、能干、善良和真实的一面，也有贪婪和狠毒的一面，有狂热的贪欲、权势欲和占有欲，这和她自身的思想狭隘有关，也是当时的时代和她所处的地位造成的，她代表着贵族阶级当权派，而作者对于她的态度却并非完全否定，也流露着对她的一种惋惜、怜悯的情绪。

第五节　史湘云的服饰

书中几次直接和间接地描写了史湘云的着装（图6–5）。直接描写是第四十九回，琉璃世界白雪红梅，脂粉香娃割腥啖膻。这一回中对湘云的个性塑造得淋漓尽致。湘云外面穿的是用紫貂脑袋上的貂皮做面子，用长毛黑灰鼠的皮毛做里子，做成的大褂，这件衣服很是讲究。“头上戴着一顶挖云鹅黄片金里大红猩猩毡昭君套。”这个昭君套外层是镂空的云头，里面衬出鹅黄色片金。脖子上是“大貂鼠的

图6-5　史湘云

风领围着”。貂鼠、大毛都是极珍贵的皮草，可见贾母对湘云这个侄孙女的爱惜，湘云出生没多久父母双亡，贾母怜惜她，接到身边亲自抚养，贾母先安排袭人伺候她，后又赐了翠缕给她，证明她在黛玉未进府前，小的时候就是养在贾府，湘云后来每次来都找宝玉，因为从小和宝玉玩在一处，关系很好。

黛玉先笑道：“你们瞧瞧，孙行者来了。他一般的也拿着雪褂子，故意妆出个小骚达子来。”“骚达子”是当时中原民族对北方游牧民族的蔑称。黛玉这样说大概是因为湘云全身上下的皮草和脚上的靴子都是游牧民族的典型服饰。黛玉把她比喻成孙行者，概因她额头上束着抹额，身上穿着貂皮大褂，感觉有些像孙猴子。

湘云笑道：“你们瞧瞧我里头打扮的。一面说，一面脱了褂子。只见他里头穿着一件半新的靠色三镶领袖秋香色盘金五色绣龙窄裉小袖掩襟银鼠短袄，里面短短的一件水红妆缎狐肷褶子，腰里紧紧束着一条蝴蝶结子长穗五色宫绦，脚下也穿着鹿皮小靴。”领子跟袖子是用三种相近的颜色拼成的，在衣领和袖口处分别镶了三道边。衣服的颜色是“秋香色”，也就是介于黄跟绿之间的一种颜色，它是绿色慢慢有一点泛黄，就像秋天的树叶变色的过程。在过去的戏剧里，很多唱老旦的就是穿秋香色的衣服，因为绿色很鲜亮，秋香色就多一点沉稳的感觉。这件短袄上还用盘金工艺拿五彩线绣着龙的图案。因为史湘云是男孩子打扮，所以她穿了“窄裉小袖”。前面说过窄裉是指腋下的部位收窄使衣服更合身，袖口收紧。而过去很多女性穿的都是宽袍大袖。“掩襟”短袄是袄的开襟不在中间，开在了旁边。“狐肷褶子”就是用狐狸腹部和腋下最柔软的那块皮毛做的贴身背心，非常保暖。

湘云的这样一身装扮，从里到外的皮草，看起来越发显得蜂腰猿背，鹤势螂形，有一点男孩子的感觉。大家都笑她说：“偏他只爱打扮成个小子的样儿，原比他打扮女孩儿更俏丽些。”

接着大家吃鹿肉、喝酒、吟诗，这其中湘云玩得酣畅淋漓最尽兴。她一面吃，一面说：“我吃这个方爱吃酒，吃了酒方才有诗。若不是这鹿肉，今儿断不能作诗。”而后大家看到，湘云今天果然表现不凡，抢答对诗最多的就是她，大家开玩笑说都是这块鹿肉的功劳。这些平时养尊处优的贵族小姐们，一旦玩起来，个性就显露出来了。史湘云这种爽朗、豪迈表露无遗。

再看湘云见宝琴披着凫靥裘站在那里笑，就对她说：“傻子，你来尝尝。”可见她口无遮拦和风趣的性格。黛玉就在一边取笑她们：“哪里找这一群花子去！”黛玉的语言很风趣，说这群人大雪天围着火烤肉吃，就像一群叫花子。然后又说：“罢了，罢了！今日芦雪庵遭劫，生生被云丫头作践了。我为芦雪庵一哭！”黛玉的意思是，芦雪庵本是修行的地方，今天却来了这么一帮粗俗之人，大块吃肉，大口喝酒，真是有辱芦雪庵。湘云驳得更妙：“你知道什么！‘是真名士自风流’，你们都清高，最可厌。”她意思真名士是不拘小节的，自命清高的人最讨厌了。很像魏晋时期的竹林七贤之风，又说：“我们这会子腥膻大吃大嚼，回来却是锦心绣口。”意思是，别看我们吃鹿肉，等一下却能做出高雅美妙的诗作。

从流传开来的“湘云醉卧芍药茵”的描述，以及她毫不掩饰地批评一切矜持，平时高声大笑，吃起酒来捋袖挥掌毫无顾忌等情节的描写中可以看出，湘云有一种既天真又热情的性格，讨厌矫揉造作。她无疑是作者和读者喜欢并同情的角色。

这样一个性格的女孩子，在写穿着打扮时也是与此相称的，说她喜欢穿男孩子的衣服。一次她把宝玉的袍子、靴子穿上，带子也系上，哄得贾母连连说“宝玉你快过来”。这调皮的穿着活现了她活泼开朗、心直口快，有几分男孩气的性格，表现了无忧无虑、天真无邪的闺阁雅趣。

第七章 《红楼梦》服饰与社会制度

《红楼梦》这部小说写于清朝初年，此时正是处于我国封建社会的末期，统治阶级是满族统治者，政治上施行高压政策，以期达到从思想上控制人民、压制反清思想的目的。同时，满族统治者又极力推行满族的服饰政策，而我国传统的服饰制度也在影响着人们的穿着打扮，从而使《红楼梦》服饰具有满汉融合的双重特点。此外，清代服饰又受到社会风气的制约。

第一节　红楼服饰与清代政治制度

在中国的传统中，服饰是政治的一部分。服饰是一种象征，一种符号，它代表个人的政治地位和社会地位。因此自古国君为政之道，服饰制度完善了，政治秩序也就完成了一部分。清代的政治制度对清代服饰的样式、纹样、质料、色彩等都产生了很大的影响，这点从《红楼梦》服饰中就可以看出。清代政治制度对《红楼梦》服饰的影响主要体现在清代的服饰政策和文学政策两个方面。

一、红楼服饰与清代服饰政策

中国传统文化模式是礼俗文化，这是以礼为中心的一系列的意识形态和社会制度，它以血缘为纽带，以等级分配为核心，以伦理道德为本位，渗透中国人精神生活和物质生活的各个领域。衣冠之治在清代的强化与民族意识危机并行，在物质生活中，衣冠服饰是衣食住行之首，它最显著、最充分地表现人们的身份地位，封建社会的等级制度在衣冠服饰上有极其强烈的反映，这在中外概不例外，在中国又与礼制相结合，并成为礼制的重要内容。历代王朝都以“会典”“律例”“典章”或“车服志”“舆服志”“丧服志”等各种条文颁布律令，规范和管理各阶层的穿衣戴帽。从服装的质料、色彩、花纹和款式都有详尽的规定，不遗琐细地区分君臣士庶服装的差别，违者要以僭礼逾制处以重罚，这是华夏民族的传统。在华夏民族的衣冠之治中，衣冠服饰不仅仅是生活的消费品，也是尊卑贵贱等级序列的标志，所以衣冠之治实际上是衣冠之别，有关种种穿靴、戴帽、着装、配饰的烦琐规定，都深入了生活的每一个细节，对服饰穿着的种种规定都是为了维护森严的阶级统治。

清朝是以满族为主要统治阶级的封建王朝，满族原是尚武的游牧民族，在戎马生涯中形成自己的生活方式，冠服形制与汉人的服装大异其趣。清王朝建立后，统治者开始推行满人的服饰，后又采取男从女不从，生从死不从，阳从阴不从，所谓“十不从”的政策。书中可见明代女性着汉服者多，书中并未有写旗服之处，是由于清初的“十从十不从”规定男从女不从，便沿袭下来。

二、红楼服饰与清代文学政策

曹雪芹在创作《红楼梦》时，不仅在故事人物、背景等方面遵循“真事隐去，假语村言”的创作原则，在人物服饰描写上也故意避开了服饰的时代意识，令人分不清是写明代还是清代。《红楼梦》中明清两代服饰模糊并存的情况，固然可以说是满汉两族服饰不能彻底同化的结果，但同时清朝严酷的文学政策也是曹雪芹在《红楼梦》中故意模糊服饰民族色彩的重要原因。

当时人们对文字狱非常恐惧，甚至出现“不以字迹与人交往，即偶有无用稿纸，亦必焚毁”的人生警语。曹雪芹生活的时代正是政治严酷的时代，正是迫于这种政治上的高压政策，使他不得不把故事的时代背景模糊化，在服饰的描写中也兼有明代和清代的特征，同时还有些借用戏服的描写，使服饰描写上呈现了一定的模糊性。因此《红楼梦》中人物服饰既有汉族特征，又有满族色彩是与清代的文学政策息息相关的。

文字狱是古代中国等级社会统治者为加强君主集权，巩固统治秩序而采取的一种残酷却有效的手段。在此政治背景下创作的《红楼梦》，也就在服饰等描写上留下了许多似是而非的地方，给人以无限的想象空间。

三、红楼服饰与清代等级制度

由于穿着者的身份、地位、职业等的不同，使服饰有了不同的内涵，从而由物质产物上升为身份地位的代表，成为另外一种符号。在等级社会中，服饰是一个人身份地位的外在标志，贾谊的《新书服疑》中就曾提到：“贵贱有级，服位有等……天下见其服而知其贵贱。”

与今天的标志服类似，古代讲究上下尊卑，在服饰上更是界定严格。《后汉书》中就有“非其人不得服其服”之说。有关规定在正史《舆服志》中均有详细记载，由此便让人透过服饰一目了然地看出品级。

《红楼梦》所写并非官场之事，然而这四百四十八个人物却也自然有贵贱之分，贵族与平民、奴隶之间有着不可逾越的等级差异，这种差距我们可以从刘姥姥进入大观园这一情节去领会，便知贵族与平民生活可谓天壤之别。第四十九回，贾母向众人炫耀一番“软烟罗”后，让凤姐拿去糊窗户，刘姥姥马上说：“我们想做衣裳也不能，拿着糊窗子岂不可惜？”还有刘姥姥初见平儿时，这位“遍身绫罗，插金戴银”的丫头几乎让她当作“姑奶奶”来叩拜，作者通过人物服饰的描写烘托出极为悬殊的贫富对比，寓意深刻地揭露了封建统治者肆意挥霍劳动人民创造的社会物质财富，过着锦衣玉食的生活，但是占人口多数的平民和奴隶阶级仍然过着贫苦生活的社会现实，预示着社会矛盾的不可调和。

第二节　红楼服饰与清代社会风气

《红楼梦》可谓包罗万象，中国的雅俗文学在《红楼梦》中都占有很大比重。《红楼梦》中有大量的祭祀、节日、游艺、宴请等风土人情的描写。服饰作为人类最重要的固态的物质文化，不仅仅是一个民族或者国家的习俗、风情的产物，也是一个民族与国家的深层文化心理的外在表现形态。在《红楼梦》的服饰描写中可以窥见《红楼梦》时代的部分社会习俗，如家庭戏班、年节习惯、家族排场、服饰时尚等，由于受到礼仪习俗的影响，不同的场合要穿着不同的服装，因此清代的这些社会习俗对《红楼梦》服饰也产生了很大的影响，对清代服饰具有一定的制约作用。

一、红楼服饰与传统戏曲服饰

传统戏曲服装，俗称“行头”，是古代服饰的美化和艺术的再创造，它以明代服装为主，杂糅了上自唐代、下至清朝的各时代服饰式样。

《红楼梦》中的服饰描写，从鞋到帽到衣都有借用戏服作为人物服饰的描写。

第十五回中北静王“戴着洁白簪缨银翅王帽”，这种“王帽”是戏装中皇亲王爵所戴的一种礼帽，帽形微圆，前低后高，背后有一对朝天翅；又如芳官穿的“虎头盘云五彩小战靴”，指舞台上戏曲人物所着的靴，以缎制成，因为多用于武戏而命名为小战靴；还有宝玉穿的“蝴蝶落花鞋”，是一种薄底，用蓝黑绒堆绣云贴花，鞋头还装上能活动的绒剪蝴蝶作饰物的双梁布鞋。这种鞋子原是《蝴蝶梦》中主角庄生所穿的鞋，故有此称。这些服饰描写，表明曹雪芹对戏曲服饰相当熟悉。

中国传统戏曲服饰的特点之一就是套式化。上至皇帝，下至奴婢仆役、囚徒乞丐，各色人等，都有与角色身份、地位、职业、场合乃至性格相配的专门服饰套式。这种戏装套式系列，主要是在明清两代逐渐形成的。

《红楼梦》中宁荣二府上下人等，个个都爱听戏，每逢重要家庭活动，都要演戏。元妃省亲要演戏，凤姐和宝钗过生日要演戏，过年节也要演戏。根据史料记载，家庭戏班在唐代已有，宋元时日益完备，明清更盛极一时，发展为一种社会风气。

家庭戏班一般有三种类型：有以女性童伎组成的家班，称为家班女乐；有以男性优童组成的家班，称为家班优童；有以职业优伶组成的家班，称为家庭梨园。一般以家班女乐和家班优童为主。《红楼梦》中的家庭戏班，是由12个女孩组成的，属于家庭女乐，在大观园里演出。

《红楼梦》中，服饰描写与戏曲表演的程式化关系很深。戏曲的程式化表演中，重点是人物的亮相。戏剧主角的亮相讲究精气神，也讲究服饰色彩的搭配，《红楼梦》中人物的出场也是一样。第三回中，宝玉、凤姐等人物的出场，在服饰描写上不仅精致，而且极为讲究色彩的搭配。而宝玉在第三回中在同一时段更换了两套不同的服饰，也是根据戏剧表演理论中不同场合的需要来塑造宝玉的亮相的。可见，作者多处与戏剧有关的服饰描写都反映了当时的一种社会风气。

二、红楼服饰与家族排场

《红楼梦》描写的是以贾家为中心的四大家族，这四大家族都可以称为“钟鸣鼎食之家，翰墨诗书之族”。贾府家族排场的兴衰之变，是一种潜移默化的变化，书中通过多个侧面来反映，服饰描写的变化就是其中之一。

贾家是世家大族，因此他们对服饰上的“礼”更加看重。《红楼梦》第五十一回中，袭人的母亲病了，凤姐安排袭人回家探病，作为管家奶奶的凤姐特意关注了袭人的穿戴，“凤姐看袭人头上戴着几枝金钗珠钏，倒也华丽，又看身上穿着桃红百子刻丝银鼠袄，葱绿盘金彩绣绵裙，外面穿着青缎灰鼠褂。”“凤姐笑道：‘这三件衣裳都是太太的，赏了你倒是好的；但这褂子太素了些，如今穿着也冷，你该穿一件大毛的……我倒是有一件大毛的，我嫌风毛儿出不好，正要改去。也罢，先给你穿去吧。等年下太太给作的时节我再作罢，只当你还我一样……’”凤姐又命平儿拿来石青刻丝八团天马皮褂子给袭人。又看包袱，是一个弹墨花绫水红绸里的夹包袱，里面包着两件半旧棉袄和皮褂子。凤姐也觉得不够排场，又命平儿把一个玉色绸里的哆罗呢包袱拿出来，又命包上一件雪褂子。

身份是丫鬟的袭人探望母病本来是件很平常的事，掌管荣府日常事务的王熙凤一般是不会过问这件事的，但袭人是服侍宝玉的大丫鬟，已经被默许了宝玉妾的身份地位，因此她出去代表了贾家夫人的身份形象，于是她的服饰打扮应该与之相称，这就是王熙凤为什么在百忙之中还要为这样的小事操心的原因所在。从这段描写我们可以看出，贾家的家族排场对红楼梦中人物的服饰穿着产生了一定的影响。

贾府的排场，在乡下人刘姥姥的眼中淋漓尽致地展现出来。此外，宝玉在家时的穿着已经是花团锦簇了，去会见客人或者拜访别人，如北静王、冯紫英等，都要换上正式的官服，所有的这一切，都是贾家出于礼制的需要所摆的排场，显示出了贾府在当时的高贵地位。

三、红楼服饰与社会礼仪制度

《红楼梦》中充满了对礼仪制度的描写，如婚礼、丧礼、祭礼、拜礼等。参加不同的礼仪决定了着装的不同。贾家在礼制的要求下讲究家族排场，同时他们作为当时社会的一份子，也遵循了社会的习俗，贾家所遵循的人生礼仪也是社会礼仪习俗的缩影。

《红楼梦》中多次提到宝玉戴冠，第二回中提到的“束发嵌宝紫金冠”，第八回中的“累丝嵌宝紫金冠”等。古代中国男子戴冠是成年人的标志，一般在二十岁举行“冠礼”。《礼记·曲礼》记载“男子二十，冠而字”。古代贵族的冠礼很隆重，给满二十岁的男子从头到脚换一身成人的衣服，表示他从此再不能像少年一样自由自在，要担当起成年人的责任。而《清稗类钞·服饰》中有这样的描写："顺治四年，复昭定官民服饰之制……幼童亦如冠于首，不必逾二十岁而始冠也。"《红楼梦》中宝玉的年龄未满二十岁而戴冠与此相符。

还有过生日的礼节，其中着重写了贾母、贾政和宝玉等人的生日。第六十二回，宝玉、平儿等人同一天生日，宝玉"清晨起来，梳洗已毕，冠带起来"，平儿也"打扮得花枝招展"，说明生日之人要穿正式的礼服。第七十一回写贾母八十大寿，南安太妃和北静王妃前来祝寿，贾母等都是"按品大妆迎接"，贾母等人的"按品大妆"是因为来祝寿的宾客级别高。而第二天仅仅是族中子侄辈来行礼时，贾母就"只便服出来堂上受礼了"。

礼仪上，官服与便服不能乱穿，大抵官吏和眷属在公务和典礼时要穿官服，都要按照封建朝廷的规定来穿着，不可乱来。平时不当穿朝服时乱穿朝服，或当穿朝服时不穿朝服均为失礼、乱礼数，且要担处分。另外，吉服和丧服的种类按身份地位也大不一样。吉服除官服、礼服之外，最重要的为披红簪花，丧礼时则孝服与素服有所区别，孝服又分重孝、轻孝，重孝限于直系亲属子、女、媳、婿、孙辈以下递减，至五代而外。居丧之家素服，守寡之人素服，不但衣着素，且不施脂粉。由此可见，清代的社会礼仪制度对清代服饰制度产生了深远的影响。

四、红楼服饰与社会地位

贾雨村还是寄住在葫芦庙内的一个穷儒时，曹雪芹只用"敝巾旧服"四个字就画出了这个落魄文人的潦倒。邢岫烟虽为小姐，无奈家道艰难，只能着"家常旧衣"，连冬天也穿得"很单薄"，寥寥几笔，她窘迫中寄人篱下的困境就一目了然了。以贾府之富，本可把丫头也打扮得非常华贵，然而尊卑有序，丫头们的服饰都是美而不贵。只有袭人一次是例外，这正说明了她的特殊地位。袭人有一次回娘家，凤姐嫌褂子太素，把自己的一件石青刻丝八团天马皮褂给她换上。这是一种妇女的高贵礼服，袭人独能享受这种殊遇，是因为"贾母曾将他给了宝玉"，到第三十六回王夫人则更明确地对袭人说"我索性把他（指宝玉）交给你"，不久又把袭人的月银从一两增为二两。这说明她早就是被当作宝玉的妾物色的，到此时她便正式在经济上享受准姨娘的待遇了。

第八章

《红楼梦》服饰与经济发展

第一节　明、清时期的经济制度

明朝中后期，在江南的一些地区，如苏州的丝织业中出现了“机户出资，机工出力”的手工工场，进入清代手工工场的规模逐渐扩大，分工更加细致，为纺织业发展提供了一定的有利条件。清初，统治阶级为了缓和社会矛盾，曾仿效前代的“轻徭薄赋”的办法来恢复生产，发展经济。棉花、蚕桑、茶叶等经济作物的种植面积扩大了，形成了一些专业生产区域。为纺织原料的获得提供了便利条件。同时国内市场较为繁荣，区域间长途贩运贸易得到了一定的发展，北京、南京成为全国性的商贸城市，全国出现了数十座较大的商贸城市。商品经济向农村延伸，江浙地区以工商业著称的市镇逐渐兴起。相比清代国内贸易的扩大发展，国际贸易往来则是被严格限制的，实行闭关的政策，禁止或限制海外贸易，严重阻碍了我国的对外经贸发展。

封建制度严重阻碍了经济的发展，表现在当时农民遭受着残酷的封建剥削，极端贫困，无力从市场上购买手工业品；而贵族、地主和商人将赚来的钱大量买房置地，严重影响了手工业的扩大再生产，同时由于封建国家对商品征收重税，成为阻碍手工业生产规模扩大的不利因素。

古今中外，经济是基础，家国同一道理，世家大族固然收入很多，但开销也很庞大。而王孙公子多不知稼樯之艰辛，来钱之不易，他们饱食终日，挥霍无度，又怎能不落得“一败涂地”的命运呢？《红楼梦》让我们看到了封建社会世族大家的兴衰演变。

第二节　服饰与经济发展

作为现实主义杰作，《红楼梦》真实地反映了封建“末世”社会的地主阶级剥削农民的情形。第五十三回写乌进孝进租，就是贾家垄断土地，残酷剥削农民的真实情形的再现。二百多年前，一个黑山村的庄头一次押送来那么多的东西，走了“一个月零两日”，可见贾府田庄之大，出产之丰，搜刮之重。而在贪得无庆的贾府看来，不仅送来的东西晚了，而且太少了。

另外，据小说中情节，从王熙凤屋内搜出的“一箱借票”，可以看出贾家的经济来源，除地租之外，还有一项高利贷。失去土地，使农民破产，成为流民、成为佃户，而高利贷也使百姓倾家荡产。此外，四大家族还以商业来剥削农民、市民和手工业者。其中薛家就是皇商。

与曹雪芹祖上有关系的纺织业，在以前是受限制的，每户不准超过一定的织机数、梭子数。当时许多织布作坊的老板都去找曹寅，时任江南织造的曹寅将这个意见上奏给皇帝，结果得到了皇帝的恩准，取消对织机数量的限制。据史料记载，到了道光年间一家可以开600张织布机。经济发展了，当时中国的资本主义萌芽在大城市也发展了，整个社会经济也前进了。

清王朝在安定以后，出现了土地兼并。有势人（皇亲、大臣）圈土地，有钱人买土地，财富集中于少数富人手中，劳动人民被盘剥，越来越穷困，造成社会严重的贫富悬殊。

这反映出，随着经济的发展，到了封建社会末期，生产力已经极大发展了，但是社会财富掌握在少数的地主阶级手中，他们过着锦衣玉食的生活。而占人口多数的平民和奴隶阶级仍然过着贫苦的生活，这也预示着社会矛盾的不可调和。

《红楼梦》所反映的是乾隆时代，中国正处在封建社会末期，作者在揭露地主阶级对于农民的残酷经济剥削必然导致封建社会走向衰亡的同时，也深刻地表现了封建社会末期商品经济的发展对社会经济基础的促进。四大家族的统治者享用着当时国内外最昂贵的工商业品，特别是那些婚、丧、节、庆的大场面，更能表现出当时的生产力发展水平和国内外的商品流通情况。

以“元妃归省”为例，除去“天上人间诸景备”的大观园不说，就用品上贾府曾派贾蔷用数万两银子的汇票专门到苏州采购用品。

苏州早在明末就有了“我吴市民罔籍田业，大户一日之机不织则束手，小户一日不就人织则腹枵，两者相资为生久矣”的记载。在当时苏州是著名的工商业城市，丝织手工业尤为发达，据曹自守《吴县城图说》记载：“苏城衡五里……望如锦绣，丰筵华服，竟侈相高。”另外，从一些人的穿着上我们还可以看出商品流通情况，如书中有贾宝玉穿的俄罗斯出产的“雀金呢”（第五十二回），林黛玉穿的“大红羽缎”的褂子，凤姐穿的“洋绉裙”（第三回），李纨穿的“哆罗呢”（第四十九回），袭人回家凤姐送她的“玉色绸里的哆罗呢”等，用品有“猩红洋毯”（第三回）、“西洋布手巾”（第四十回）等，可见当时纺织业的高度发达。

参考文献

［1］安毓英，束汉民．服装美学［M］．北京：中国轻工业出版社，2001.

［2］孟宪文，班中考．中国纺织文化概［M］．北京：中国纺织出版社，2000.

［3］王云英．清代满族服饰［M］．沈阳：辽宁民族出版社，1985.

［4］卢浩．中国贵州苗族绣［M］．南京：江苏美术出版社，1993.

［5］周汛．中国衣冠服饰大辞典［M］．上海：上海辞书出版社，1996.

［6］杨英．中国清代习俗史［M］．沈阳：辽宁人民出版社，1991.

［7］邓云乡．红楼风俗谭［M］．北京：中华书局，1987.

［8］王云英．从《红楼梦》谈满族服饰［J］．红楼梦学刊，1982（1）：8.

［9］黄能馥，陈娟娟，钟漫天．中国服饰史［M］．上海：上海人民出版社，2004.

［10］周汛，高春明．中国历代妇女妆饰［M］．上海：学林出版社，1991.

［11］叶梦龙．阅世编［M］．上海：上海古籍出版社，1981.

［12］邓天红．清代满族服饰文化发展的主要特点［J］．北方论丛，1996（5）：99-102.

［13］徐珂．清稗类钞：服饰类（第十三册）［M］．北京：中华书局，1986.

［14］许星．中国民间传统护身装饰品的形式与内涵初探［J］．东华大学学报，2001，27（1）：98-100.

［15］缪爱莉．中西历代服饰图典［M］．广州：广东科技出版社，2002.

［16］李波．江南与晋中民间服饰刺绣纹饰意义比较［J］．装饰，2005（11）：54.

［17］赵超，熊存瑞．衣冠灿烂：中国古代服饰巡礼［M］．成都：四川教育出版社，1996.

［18］马蓉．服饰品设计［M］．北京：中国轻工业出版社，2001.

［19］宋应星．天工开物［M］．广州：广东人民出版社，1976.

［20］徐迟．红楼梦艺术论［M］．上海：上海文艺出版社，1980.

［21］戴逸．简明清史［M］．北京：人民出版社，1984.

［22］赵瀚生．中国古代纺织与印染［M］．台北：台湾商务印书馆，1994.

［23］赵丰.中国丝绸史［M］.北京：人民出版社，1992.

［24］回顾.中国丝绸史稿［M］.哈尔滨：黑龙江美术出版社，1990.

［25］包铭新.关于缎的早期历史的探讨［J］.东华大学学报，1986，12（1）：91-95.

［26］陈琦昌.中国古代服饰色彩与色彩观念探源［J］.西北纺织工学院学报，2001，14（1）：96-97.

［27］李军均.红楼服饰［M］.济南：山东画报出版社，2004.

［28］仉坤.略论中国刺绣服饰及其艺术特点［J］.天津工业大学艺术设计学院学报，2000（5）：28-29.

［29］佟雪.红楼梦主题论［M］.南昌：江西人民出版社，1979.

［30］上海戏剧学院.中国民族发饰［M］.成都：四川人民出版社，1999.

［31］周锡保.中国古代服饰史［M］.北京：中国戏剧出版社，1984.

［32］华梅.服饰与中国文化［M］.北京：人民出版社，2001.

［33］吕启祥，林东海.红楼梦研究稀见资料汇编［M］.北京：人民文学出版社，2001.

［34］李希凡，冯其庸.红楼梦大辞典［M］.北京：文化艺术出版社，1990.

［35］袁建平.中国古代服饰中的深衣研究［J］.求索，2000（2）：113-116.

［36］刘大杰.红楼梦的思想与人物［M］.上海：上海古典文学出版社，1956.

［37］刘梦溪.《红楼梦》与民族文化传统［J］.红楼梦学刊，1986（2）：25-30.

［38］徐迟.红楼梦艺术论［M］.上海：上海文艺出版社，1980.

［39］李应强.中国服装色彩史论［M］.台北：南天书局，1993.

［40］邓云乡.红楼识小录［M］.太原：山西人民出版社，1984.

［41］孙逊，陈绍.红楼梦与金瓶梅［M］.银州：宁夏人民出版社，1982.

［42］周汝昌.红楼梦新论［M］.北京：人民文学出版社，1985.

［43］顾平旦.红楼梦研究论文资料索引［M］.北京：书目文献出版社，1983.

［44］人民文学出版社编辑部.红楼梦研究参考资料选辑［M］.北京：人民文学出版社，1976.

［45］施达青.红楼梦与清代封建社会［M］.北京：人民出版社，1976.

［46］孙佩兰.刺绣与服饰文化［J］.丝绸，1992（5）：44-46.

[47] 卞向阳.论中国服装史的研究方法 [J].中国纺织大学学报，2000，26（4）：23–25.
[48] 包铭新.唐代女装的腰线及其审美效果 [J].中国纺织大学学报，1991，17（4）：5–11.
[49] 曾慧洁.中国历代服饰图典 [M].南京：江苏美术出版社，2002.
[50] 徐海荣.中国服饰大典 [M].北京：华夏出版社，2000.
[51] 李肖冰.中国西域民族服饰研究 [M].乌鲁木齐：新疆人民出版社，1995.
[52] 周锡保.中国古代服饰简史 [M].北京：中国戏剧出版社，1984.
[53] 杨阳.中国少数民族服饰赏析 [M].北京：高等教育出版社，1993.
[54] 沈从文.中国古代服饰研究 [M].香港：香港商务印书馆，1992.
[55] 张竞琼，蔡毅.中外服装史对览 [M].北京：中国纺织出版社，2000.
[56] 胡文彬，周雷.海外红学论集 [M].上海：上海古籍出版社，1982.
[57] 范铁明.关于服饰美标准的几点认识：兼谈人类寻求着装美的心理轨迹 [J].齐齐哈尔大学学报，2000（2）：49–51.
[58] 仉坤.略论中国刺绣服饰及其艺术特点 [J].天津纺织工学院学报，2000，19（5）：28–29.
[59] 许星.中国传统服饰文化对现代时尚的影响 [J].丝绸，2001（12）：37–38.
[60] 李美霞.明代服饰流变探究 [J].天津工业大学学报，2002，21（5）：37–38.
[61] 康世娟.中国民族传统服饰在当代的发展 [J].装饰，2005（10）：56.
[62] 张灏.东西方服饰文化在历史发展中的分与合 [J].天津工业大学学报，2001，20（1）：51–52.
[63] 王昆仑.红楼梦人物论 [M].北京：生活·读书·新知三联书店，1983.
[64] 蒋和森.红楼梦论稿 [M].北京：人民文学出版社，1981.
[65] 吕薇芬.清代文学研究 [M].北京：北京出版社，2001.
[66] 周汝昌.红楼梦的真故事 [M].北京：华艺出版社，1997.
[67] 顾平旦.红楼梦研究论文资料索引 [M].北京：书目文献出版社，1983.
[68] 李希凡.曹雪芹和他的红楼梦 [M].北京：人民出版社，1973.
[69] 章方松.红楼梦服饰与色彩的艺术意味 [J].红楼梦学刊，1994（1）：88–91.
[70] 赵平春.金代女真服饰研究 [J].黑龙江民族丛刊，1995（1）：8.

[71] 向景安.中国历代妇女服饰的演变与发展[J].文博，1995(5)：25-27.
[72] 滕新才，刘秀兰.明朝中后期服饰文化特征探析[J].西南民族学院学报(哲学社会科学版)，2000(8)：134-136.
[73] 任丽娜.清代民间妇女服饰浅谈[J].饰，1999(1)：29-30.
[74] 颜湘君.论《红楼梦》的服饰描写艺术[J].中国文学研究，2002(2)：83-85.
[75] 巫仁恕.明代平民服饰的流行风尚与士大夫的反映[J].新史学，1999，10(3)：62-65.
[76] 林丽月.衣裳与风教—晚明的服饰风尚与“服妖”议论[J].新史学，1999，10(3)：112.
[77] 王齐洲，余兰兰，李晓晖.绛珠还泪《红楼梦》与民俗文化[M].哈尔滨：黑龙江人民出版社，2003.
[78] 李均惠.红楼梦之谜[M].北京：中国广播电视出版社，2006.
[79] 叶坦，蒋松岩.宋辽夏金元文化史[M].北京：东方出版中心，2007.
[80] 高春明.中国服饰名物考[M].上海：上海文化出版社，2001.
[81] 沈从文.中国古代服饰研究(增订本)[M].上海：上海书店出版社，1997.
[82] 李建华.《红楼梦》丝绸密码[M].上海：上海科学技术文献出版社，2016.
[83] 李希凡，李萌.李希凡文集:《红楼梦》人物论[M].东方出版中心，2017.
[84] 季学源.红楼梦女性人物形象鉴赏[M].杭州：浙江大学出版社，2018.

后 记

从前文分析我们可以看出明末清初服饰类型及搭配方式有一定的特色。在《红楼梦》中正反映了这样的特色。

首先，在首服上。女性，贵族的女子多戴假髻，年轻的姑娘和丫鬟家常则将头发比较随意地挽成松散的发髻。她们常用钗、簪等来固定发髻，或在额头上戴上勒子、昭君套、暖兜等来作为固定和装饰用。这种装饰平民和贵族都喜好，不同的是平民所戴的是简易的包头，而贵族人家很讲究质料和装饰，"貂鼠""灰鼠"等高档的皮货只有凤姐、贾母这样的贵族家长身份的人才可穿戴。此外，女子还使用耳坠、耳塞等作为装饰，还有用香珠串来作腕饰的，这些都被爱美的女性一直沿用到今天。男性，贵族的年轻公子常用装饰华丽的冠来束发，冠的质地常常非金即银，设计考究，并戴抹额与之配套。宝玉戴的抹额上纹饰不是"二龙抢珠"就是"双龙出海"，大概有期盼他"成龙"的含义吧。在一套完整的服饰中还有一项很重要的项饰。这也是民间流传的一种习俗，形式多样，有长命锁、记名符、宝玉、璎珞、项圈等。

其次，在上衣下裳的使用上。女性，贵族女子上衣从内到外抹胸在内，其次是袄，外罩褂，下着裙，外出时常加披斗篷、氅衣、披风用以御寒。家常也在袄外穿坎肩，质料较高档，冬季常用毛皮制成。而奴婢一般在袄外加穿背心，兼顾实用的功能，背心多采用青缎作边。男性，一般是上身穿箭袖，外面罩褂子，下面穿裤或上穿袄，外罩褂，下着裤，家常也直接上袄下裤。男性的有职人员外出或见客要穿官袍。

最后，在足服的使用上。作者迫于当时的政治压力，在女子整套服饰中，很少提及足服，只有一处写到红睡鞋，说明当时仍有女子缠足现象。我们发现，男女都喜欢穿红鞋，都着靴。

清代纺织业的进步为人们带来了丰富的服饰质料。《红楼梦》中的人物服饰正反映了当时纺织工具与纺织技术的高度发展。清代棉花被广泛种植，因而棉布较普及，无论贵族和平民都穿用。其次是丝类，丝织品种类繁多，按组织可以分为平纹、斜纹、缎纹等，再可细分出纱、锦、缎、绸、绫等类。绸类上下尊卑都穿，而且多为家常所穿。纱类质地轻薄，多在夏季穿着，绫、缎、锦类多用于春、秋、冬季。这类织物较为贵重，多见贵族主人们和一些受宠的丫鬟穿用。最后谈到毛皮类，质地厚重，可较好地防寒保暖。有作为暖兜的，也可做箭袖、褂、袄、裙、靴来用。毛皮类属于极贵重的服饰，书中多次采用，充分表明了贾府的富有、奢华。穿着者都是地位较高的贵族阶级。奴婢中唯有很得封建家长喜欢的袭人被贾母赏过一件青缎灰鼠褂。毛皮类常常是内外呼应来穿的，或配以高档的锦、缎等衣料。

《红楼梦》人物服饰的色彩表现上有以下特点：比较常用的颜色有红色、青色和白色。红色较多用于袄，白色较多用于裙子，青色较多用于背心，石青较多用于褂子。在颜色的搭配上有一个特点，就是善用红色，红色普遍与石青做内外搭配，或与白色或绿色做上下搭配，书中不乏对比色搭配和素色搭配的范例，突出表现服饰色彩之美。

有纹样的服饰一般都有一定的寓意，多为贵族们使用。服饰纹样中“蟒”纹由有官职的男子穿着。“刻丝”“撒花”“蝴蝶”纹样男、女都可穿，其中“撒花”是一种非常规设计的图案，出现在宝玉、芳官和凤姐身上，宝玉和芳官有些叛逆的性格，凤姐也有她的个性。“镶边”“掐牙”纹样只为女性穿用。

《红楼梦》中贵族、平民和奴隶三个阶级的身份地位不同，在服饰的表现上也有鲜明的差别。在服饰的类型上，占有生产资料的封建主人们的穿着常常是从上至下、从里到外地被作者着力描写，同时饰有各种纹样，可谓花团锦簇，而平民和奴隶阶级的穿着则显得相对简单。服饰的用料上，昂贵的织物和毛皮类服饰多为贵族们拥有，这一方面是受到服饰禁令的限制，另一方面是由于地位的差别导致的贫富差距。同样，色彩的使用在古代有严格的规定，书中所写的服饰色彩中石青色就是当时皇帝和官员们的专用色。

同时，穿着也由于人物的性格不同而有所不同，如凤姐的多重穿戴和刻意打扮体现着她的爱出风头和当家人的风范。加上她没怎么读过书，衣着穿戴上与黛玉和宝钗的气质和风格不同。确切地说，作者为每一个主要人物设计了符合其性格特征的服饰风格。

而且，明末清初时满族入主中原，推行改发易服制度。男子的服饰需遵从清制，而女子仍然沿用明制。同时，封建社会的等级制度在衣冠服饰上有极其强烈的反映，又与礼制相结合，构成了华夏民族特有的传统。

从经济上讲，明清纺织业的高度发展使纺织品种类繁多，而且有庞大的官府染织机构。经济的蓬勃发展使社会财富增加，促进了清代服饰产业的高度发展。

著者

2023年5月